U0683190

数字图像处理算法研究

陈　莉　著

科学出版社

北京

内 容 简 介

本书介绍了基于空域和基于频域的图像增强算法，一阶、二阶图像边缘检测算法，提出了三阶差分边缘检测算法；详细描述了基于阈值、区域生长、形态学分水岭的图像分割算法结构，给出了算法实现代码；详细描述了基于小波系数处理的图像去噪算法，基于小波系数处理的图像锐化、钝化算法；提出了基于小波变换的图像增强算法，设计了算法结构，给出了算法实现代码及算法处理效果图。详细描述了 PCA 人脸识别算法，提出了基于稀疏差分和 Mean-Shift 滤波的 Retinex 人脸识别算法。依据分数阶微分数学理论，推导了用于图像增强及边缘检测的分数阶微分模板；依据分数阶积分数学理论，推导出了用于图像去噪的分数阶积分模板。提出了基于图像复杂度的自适应分数阶微分图像增强及边缘检测算法。提出了基于小波变换的分数阶微分图像增强算法。

本书可作为信号处理、图像处理、通信与信息工程、自动控制和电力电气领域广大科研工作者从事科学研究的参考用书。

图书在版编目(CIP)数据

数字图像处理算法研究/陈莉著. —北京：科学出版社，2016.6
ISBN 978-7-03-048338-6

Ⅰ. ①数⋯　Ⅱ. ①陈⋯　Ⅲ. ①数字图像处理-研究　Ⅳ. ①TN911.73

中国版本图书馆 CIP 数据核字(2016)第 111622 号

责任编辑：潘斯斯　张　帆 / 责任校对：桂伟利
责任印制：徐晓晨 / 封面设计：迷底书装

科 学 出 版 社 出版
北京东黄城根北街 16 号
邮政编码：100717
http://www.sciencep.com

北京建宏印刷有限公司 印刷
科学出版社发行　各地新华书店经销
*

2016 年 6 月第 一 版　开本：787×1092　1/16
2017 年 1 月第二次印刷　印张：11 1/4
字数：267 000

定价：88.00 元
(如有印装质量问题，我社负责调换)

前　　言

本书介绍了数字图像处理算法，详细介绍了数字图像处理增强算法、边缘检测算法、分割算法、基于小波理论的数字图像处理算法、人脸识别算法、分数阶微分图像增强算法、基于小波变换的 Grümwald-letnikow 分数阶微分图像增强算法和分数阶积分图像去噪算法。

本书共有 10 章。第 1 章绪论，介绍了数字图像处理算法的研究现状和主要创新点。第 2 章数字图像增强，详细描述了基于空域的图像增强算法和基于频域的图像增强算法，给出了实现算法的程序代码，算法处理效果图。第 3 章数字图像边缘检测算法，描述了一阶、二阶图像边缘检测算法，提出了基于三阶的图像边缘检测算法，并对算法进行了验证。第 4 章数字图像分割算法，详细论述了区域生长分割算法、阈值分割算法、基于形态学分水岭的分割算法，给出了实现算法的程序代码和算法处理效果图。第 5 章基于小波理论的图像处理算法，详细描述了小波理论，基于小波系数处理的图像去噪算法，基于小波系数处理的图像锐化、钝化算法；提出了基于小波变换的图像增强算法，设计了算法结构，给出了算法实现代码及算法处理效果图。第 6 章人脸识别算法，详细描述了 PCA 人脸识别算法，对 PCA 算法使用 ORL 人脸库进行了验证，提出了基于稀疏差分和 Mean-Shift 滤波的 Retinex 人脸识别算法。第 7 章分数阶微分图像增强算法，从分数阶微分数学表示推导出分数阶微分模板，实现了分数阶微分的图像增强和边缘检测，给出了算法程序代码及算法处理效果图；提出了基于图像复杂度的自适应分数阶微分图像增强算法，给出了详细的算法步骤。第 8 章基于小波变换的 Grümwald-letnikow 分数阶微分算法，应用小波的时频分解特点，构造适合于小波分解图像的微分模板，实现小波分解下的分数阶微分图像增强。第 9 章分数阶积分图像去噪算法，从分数阶数学积分表达式推导出用于图像去噪的处理模板，给出了算法实现代码及效果图。第 10 章车牌识别算法。

本书在介绍经典数字图像算法的同时，介绍了作者提出的数字图像处理算法，主要算法创新如下：提出了三阶差分边缘检测算法；提出了基于稀疏差分和 Mean-Shift 滤波的 Retinex 人脸识别算法；提出了一种基于图像复杂度的自适应分数阶微分图像增强算法；提出了小波与分数阶微分结合的图像增强算法；设计了用于去噪的分数阶积分算法结构，从数学表达式推导出了模板系数，构造了去噪模板，给出了算法实现步骤，编写程序实现了算法的仿真，验证了算法的可行性和有效性。

本书由陕西理工学院物理与电信工程学院教师陈莉完成，是作者从事数字图像处理算法研究工作的总结。

由于数字图像处理算法处于不断的发展中，加之作者水平有限，书中错误和疏漏在所难免。在此，诚恳地期望得到各领域专家和读者的批评指正。联系方式：电子邮件：qxx0108@126.com。

编　者
2016 年 3 月

目　录

第1章 绪 论

1.1 课题研究背景及意义

国内的图像处理技术的发展大概经历了4个阶段：初创期、发展期、普及期和应用期。在20世纪60年代是初创期，当时的图像采用像素型光栅进行扫描并显示，大多数图像处理都采用中、大型机实现。在这个时期因为图像存储的成本高，处理的设备造价较高，所以其应用得比较少。在20世纪70年代进入了发展期，对图像开始大量采用中大型机进行处理，同时图像处理也逐渐改用光栅扫描显示方式。20世纪80年代是普及期，这个时候的计算机已经能够承担起图像的处理任务。20世纪90年代进入应用期，人们运用图像增强技术处理和分析遥感图像，以有效地进行资源和矿藏的勘探、调查农业和城市的土地规划、气象预报、灾害及军事目标的监视等。

数字图像处理技术可分为用于改善图像的视觉效果的图像去噪、图像锐化、图像对比度提高技术；用于提取图像特征属性的图像边缘检测、图像分割、图像模式识别、人脸识别技术等；用于图像数据变换的图像变换、编码、压缩等技术。

随着现代科学技术的不断发展进步，图像信息在军事、医学、工业、农业中起到越来越重要的作用。主要应用领域有以下几个方面。

1. 工业方面应用

在工业生产现场，有各种生产管道、机械部件、电气设备，当这些设备存在内部损伤时，需要测定尺寸，检验质量，这是就需要用X射线、红外线、超声波成像，通过图像处理方法分析图像，完成检测。在工业控制方面，工业相机对生产线上产品进行图像采集，利用图像识别算法来定位产品的具体位置和种类。

2. 农业方面应用

数字图像处理技术可以用于研究农作物生长和病害诊断防治，可用三维图像技术来研究植物的根系和矿物质吸收之间的关系，为作物施肥提供依据。农田土地的资源普查和统计、耕地的检测和保护也需要航拍获遥感图像来进行分析。多光谱成像技术可用于农业病虫害监测、物产估量及灾情预报。

3. 医学方面应用

目前医学上应用的磁共振成像、超声成像、CT成像、都要使用图像处理技术来获取人体某些部位图像，对图像进行分析、判断，为病情诊断提供依据。目前医学上正在推进的胃肠治疗技术需要在成像技术的配合下进行。

4. 公共安全方面应用

数字图像处理中的人脸、指纹、虹膜识别技术可以用于识别身份、对特定人的追踪，对安保要求高的生产及公共场合。视频监控技术已广泛用于社会生活，交通运输系统中的视频监控为车流监测、交通控制提供了帮助。

5. 军事方面应用

数字图像处理技术可以为各种导弹、炸弹进行导航，可以为军事训练提供帮助，如：利用图像检测技术来检测弹痕、实现自动报靶；利用图像技术来进行军事侦察、战场环境检测，坦克的虚拟驾驶训练。

1.2 数字图像处理算法研究现状

1.2.1 数字图像增强算法研究现状

图像增强是按特定的需要采用特定的方法突出图像中需要的信息，削弱或去除无关的信息，将原图转换成一种更适合人或机器分析处理的形式的图像处理方法。

图像增强的方法是通过一定手段对原图像附加一些信息或变换数据，有选择地突出图像中感兴趣的特征或者抑制(掩盖)图像中某些不需要的特征，使图像与视觉响应特性相匹配。图像增强的处理方法的分类有很多种，按常见的算子分类有两种分类法。一种按算子所覆盖的面积分类可分为局部运算和整体运算两种。局部运算每次运算取一块子图像，子图像的面积可以是固定的，也可以是变动的；整体运算是同时对整幅图像进行处理。另一种按算子所属技术范畴分类，可以分为空域法和频域法。

空域法是在图像平面上修改灰度的各种算法，是在图像所在像素空间直接进行处理。空域法又可以分为点运算和局部运算。点运算算法是基于像素的图像增强，这种运算与位置无关，即这种增强过程中对每个像素的处理与其他像素无关，如对数变换；局部运算是基于模板的图像增强也叫空域法，这种运算与位置有关，即这种增强过程中对每个像素的处理都是基于图像中的某个小的区域，如空域卷积。空域增强分为图像平滑和锐化两种。平滑一般用于消除图像噪声，但是也容易引起边缘的模糊。常用算法有均值滤波、中值滤波。锐化的目的在于突出物体的边缘轮廓，便于目标识别。常用算法有梯度法、高通滤波、掩模匹配法、统计差值法等。

频域法是基于傅里叶变换式对图像在频谱上进行修改，增强或抑制所希望的频谱，是一种间接增强的算法。在频域上常用的有低通滤波器、高通滤波器和同态滤波器。近年来小波变换也在图像增强处理中得到应用。

1.2.2 数字图像边缘检测算法研究现状

图像边缘检测技术近几十年来成为数字图像处理技术的重要研究课题，图像边缘是图像灰度获颜色发生剧烈变化的地方，能直接反映物体的轮廓和结构，可应用于工业检测、图像分割、人脸识别、目标跟踪及视觉和模式识别工程领域。

目前边缘检测方法可分为灰度图像边缘检测方法和基于某种固定的局部算法，如微分方法、拟合方法。基于灰度边缘的方法是对原始图像中的某些领域来构造边缘检测算子，实现边缘检测。经典的算子分为一阶微分算子和二阶微分阶算子：一阶微分算子包括 Sobel 算子、Roberts 算子、Prewitt 等；二次微分算子包括 Laplacian 算子、LOG 算子、Canny 算子等，这些边缘检测算法对边缘灰度值过渡比较尖锐且噪声较小等不太复杂的图像，大多数提取算法均可以取得较好的效果。但对于边缘复杂、采光不均匀的图像来说，则效果不太理想，主要表现为边缘模糊、边缘非单像素宽、弱边缘丢失和整体边缘的不连续等方面。

一阶微分算子中的 Roberts 算子是一种利用局部差分算子寻找边缘的算子，它在 2×2 邻域上计算对角导数。Roberts 算子的一个主要问题是计算方向差分时对噪声敏感。Sobel 算子将方向差分运算与局部平均相结合的方法，该算子是在以 $f(x, y)$ 为中心的 3×3 邻域上计算 x 和 y 方向的偏导数，Sobel 很容易在空间实现，Sobel 边缘检测器不但产生较好的边缘检测效果，同时，因为 Sobel 算子引入了局部平均，使其受噪声的影响也比较小。当使用大的邻域时，抗噪声特性会更好，但这样做会增加计算量，并且得到的边缘也较粗。Prewitt 算子在一个方向求微分，而在另一个方向求平均，因而对噪声相对不敏感，有抑制噪声作用。它对灰度渐变和噪声较多的图像也处理得较好。

二阶微分算子中的 Laplacian 算子是对二维函数进行运算的二阶导数算子，与方向无关，对取向不敏感，因而计算量要小。根据边缘的特性，Laplacian 算子可以作为边缘提取算子，计算数字图像的 Laplacian 值可以借助模板实现，但是它对噪声相当敏感，它相当于高通滤波，常会出现一些虚假边缘。因此，Marr 提出首先对图像用 Gauss 函数进行平滑，然后利用 Laplacian 算子对平滑的图像求二阶导数后得到的零交叉点作为候选边缘，这就是 LOG 算子。LOG 算子就是对图像进行滤波和微分的过程，是利用旋转对称的 LOG 模板与图像做卷积，确定滤波器输出的零交叉位置。正如上面所提到的，利用图像强度二阶导数的零交叉点来求边缘点的算法对噪声十分敏感。所以，希望在边缘增强前滤除噪声。为此，Marr 和 Hildreth 将高斯滤波和 Laplacian 边缘检测结合在一起，形成 LOG（Laplacian of Gaussian，LOG）算法，也有人称之为拉普拉斯高斯算法。Canny 算法的梯度是用高斯滤波器的导数计算的，检测边缘的方法是寻找图像梯度的局部极大值。Canny 使用两个阀值来分别检测强边缘和弱边缘，而且仅当弱边缘与强边缘相连时，弱边缘才会包含在输出中。因此该方法不容易受到噪声的干扰，能够检测到弱边缘，但 Canny 算子检测的边界连续性不如 LOG 算法。

1.2.3 数字图像分割算法研究现状

图像分割算法的研究已经有几十年的历史，一直都受到人们的高度重视。关于图像分割的原理和方法国内外已有不少的研究成果，但一直以来没有一种分割方法适用于所有图像分割处理。

图像分割在图像工程中起着承上启下的作用，是介于低层次处理和高层次处理的中间层次。现在存在的图像分割算法，有基于边缘的图像分割技术、基于区域的图像分割技术及与其他特定理论结合的图像爱那个分割技术。目前越来越多的学者开始将数学形态学、模糊理论、遗传算法理论、统计学理论、神经网络、分形理论和小波变换理论等研究成果运用到图像分割中，产生了结合特定数学方法和针对特殊图像分割的先进图像分割技术。图像分割技术目前的研究热点为以下两个方面。

（1）多种特征融合的分割方法。除了可以利用图像的原始灰度特征外，还可利用图像的梯度特征、几何特征(如形态、坐标、距离、方向、曲率等)、变换特征(如傅里叶谱、小波特征、分形特征等)及统计学特征如(纹理、不变矩、灰度均值等)等高层次特征，对于每个需要分割的像素，把所提取的特征值组成一个多维的特征矢量，再对它进行多维的特征分析。利用多种特征的互相融合，图像像素就会被全面的描述出来，从而可以得到更好的分割结果。

（2）多种分割方法相互结合的分割方法。由于目标成像具有不确定性和目标本身的多样性，一种分割方法很难对含有复杂目标的图像取得较理想的分割结果。这就需要利除用多种特征融合外，还需将多种分割方法相互结合，使得这些方法充分发挥各自的优点，并且避免各自的缺点。采用何种方式结合来获得良好的分割效果是这种方法研究的重点。

1.2.4 小波变换在图像处理中应用的研究现状

在传统的傅里叶分析中，由于信号全部是在频域展开的，不含有任何时频信息，其对于某些应用来说是恰当的，因为有些应用对信号的频率信息是极其重要的。但是其丢失的时域信息可能对一些应用同样也非常重要，因此人们对傅里叶分析进行了改进，提出了很多既能表征频域信息，又能表征时域信息的信号分析方法，例如时频分析、短时傅里叶变换、小波变换、Gabor 变换等。其中短时傅里叶变换的基本思想是：假定在一定时间窗内的信号是平稳的，那么通过对时间窗进行分割，通过在每个时间窗内将信号展开到频域里就能够获得局部的频域信息，但它的时域区分度仅能依靠大小不变的时间窗，对有些瞬态信号来讲粒度还是太大。因此短时傅里叶分析对很多应用来说是不够精确的，依然存在很大的缺陷和不足。它只是在傅里叶变换基础上引入时域信息的一个尝试。

近几十年来，小波分析在理论和方法上得到了飞速发展，学者从多分辨率分析、框架分析和滤波器组三个不同出发点进行了分析。小波分析的多分辨率分析特点，克服了短时傅里叶变换在单一分辨率上的不足和缺陷，在频域和时域都具有表征信号局部信息的能力，频率窗和时间窗都能够依据信号的具体形态进行动态调整，通常，对低频部分可以利用较低的时间分辨率来提高频率的分辨率，对高频部分来说获取精确的时间定位可以利用比较低的频率分辨率。因此，小波变换被广泛的应用于信号处理和图像处理中。

目前，函数空间的刻画、小波级的构造、插值小波、向量小波、高维小波、周期小波等是小波理论的主要研究方向。在应用上，由于小波良好的时频特点、尺度变化特点、多分辨率特点使得小波在自动控制、信号分析、地质勘探、分型分析、图像处理中得到应用。小波理论正被广泛应用于图像增强、去噪，图像边缘检测，图像融合技术中。基于小波的分解和重构，可以将图像分解成低频和高频图像，小波理论被用于图像平滑、去噪、增强。基于小波的多尺度特征，小波分析的局域化特征，可以获得多尺度下高频细节信息，小波理论被应用于图像边缘检测技术；基于小波可将图像分解成多个不同尺度、不同分辨率的时频图像，反映图像局部特征变化，小波理论被用于图像融合技术。

1.2.5 人脸识别算法研究现状

经过世界各地学者几十年的探索积累，现有的人脸识别方法主要有以下三类：基于模型的人脸识别方法，基于几何特征的人脸识别方法，基于统计特征的人脸识别方法。

基于模型的人脸识别方法主要有三种模型：ASM 主动形态模型、AAM 主动外观模型和 HMM 隐马尔科夫模型。ASM 根据人脸形状和灰度信息建模，AAM 在 ASM 基础上增加了纹理信息。HMM 对表情姿态等变化有较好的鲁棒性。

基于人脸部几何特征的算法在时间上来说是最早提出的，这种方法提取人脸的特点是以五官大小和彼此间距为依据。每一个人的脸的轮廓、脸的五官大小以及相对位置的分布也不相同，所以说用这种方法来进行人脸的识别还是有一定依据的。它提取人脸特征的具体做法是，提取人眼、眉毛、鼻子还有嘴巴这几个明显的特征点，测出这些五官的的大小形状，及这些五官彼此间距离，进而识别人脸，特征提取之后用最近邻分类器法，相异度的测试则选用欧氏距离。几何特征这种人脸识别算法长处是简单、识别速度也快。但是这种方式提取的人脸特征信息是非常少的，提取这种程度的信息量根本不够，倘若人脸库中的人脸数量一旦增大到一定程度，再使用这种方法的话其实是非常不科学的。但这种方法并不是完全不可取，它还是很有前景的，就拿一个大一点的人脸库来说，对比人脸之前，能用面部几何特征的方式对训练样本进行大概的一个分类，以此来大大降低人脸识别的时间。

基于统计特征的人脸识别是目前人脸识别领域的研究热门，这一方法把人脸看成数字矩阵，用统计学方法识别人脸。特征脸方法是从主成分分析(PCA)中提取出的一种人脸识别技术。我们可以把囊括人脸图像的区域抽象成一个任意的向量，利用 K-L 变换后得到正交 K-L 基，我们找到最大特征值的基来表示某个人人脸基本轮廓，此类脸被叫作特征脸。利用得到的很多非相关的线性组合，我们可以实现对人脸的合成重建。其实识别过程即就是人脸投影的一个过程，在特征子空间中找到特征脸的位置，再利用对图像的这种投影间的某种度量来确定图像间的相似度，最常见的方法就是选择各种距离函数来进行度量分类实现人脸识别。

这些经典的算法从训练样本全局角度出发，本身算法复杂度高，对于姿态和光照鲁棒性差，使得这些经典的算法在应用的时候受到很大的制约，在人脸识别方面采用稀疏表示越来越多的受到研究者的注意，这主要是因为稀疏表示具有识别率高和鲁棒性强等特点。目前，一些国内外学者在人脸识别方面进行的稀疏表示进行研究。文献(Yang A，2010)提出在稀疏表示中的针对 l_1 范数最小化的问题求解，通过验证光照，伪装和污损的人脸图像，具有一定的鲁棒性优化。文献(Deng W H，2012)提出构造差异辅助字典来测试样本与训练样本间的差异构造，实现在光照，伪装和污损的人脸图像下的鲁棒识别。文献(陈薇等，2013)提出一种改进单尺度 Retinex 的光照人脸识别方法。采用双曲正切函数代替 Retinex 的对数函数对人脸图像进行亮度和对比度非线性增强；利用双边滤波代替 Retinex 的高斯滤波消除"光晕"，采用 Retinex 消除光照不利影响，采用 K 近邻算法建立人脸分类器。结果表明，改进 Retinex 降低了时间复杂度，图像增强效果优于同类算法，提高了人脸识别率。文献(朱秋旭，李俊山等，2013)对 Retinex 的图像对比度增强方法进行修正，引入了非线性变换函数修正红外图像的照射分量和反射分量以及全局对比度增强函数该算法处理后的图像能够更有效地增强图像的对比度，突出图像的边缘与细节信息，但是算法实现过程需要更多硬件支持。文献(Yang M，2011)将人脸图像的识别问题看成具有稀疏约束的鲁棒回归问题，寻求稀疏编码估计解，构建出表示模型，从而提高人脸图像识别率。文献(Wagner A，2009)通过将待测样本与训练样本将稀疏进行表现，构建了一个在光照变换，图像遮挡等条件下的人脸识别系统，具有一定的鲁棒性。文献(Patel V M，2012)提出通过光线反射技术来构造不同光照条件下的正面人脸图像，从而实现对光照变化的鲁棒性。文献[18]提出了组合小波域多尺度 Retinex 模型(DWT-MSR)和 ICA 识别方法，仿真证明，基于该模型的方法在处理不同光照下的人脸图像时，效果明显优于传统的光照处理方法。

1.2.6　分数阶微积分算法研究现状

分数阶微分和积分被认为是整数阶微分的整数步长推广至分数步长的结果，近年来受到学者关注，在图像处理领域的发展和研究现状主要总结为以下几个方面：

分数阶微分可以在保留低频信息的同时增强高频细节信息，因此近年来在图像增强领域受到研究者关注。文献(蒲亦非，2007)将分数阶微分引入到图像处理中，证明了分数阶微分进行图像处理的基础方法。文献(杨柱中等，2007)中提出了 Tiansi 微分算子，改进了分数阶微分模板，此后，文献(王斌等，2012；张雨等，2012；赵建，2012；蒋伟，胡学刚，2009)提出了很多改进的分数阶微分算法及模板，其总的思路是利用像素及其相邻像素的相关性，利用多尺度构造可实现的改进模板来提高图像边缘纹理信息的增强效果，其处理过程均在空域进行。文献(郭李，覃剑，2012)提出了小波与分数阶微分结合的图像增强算法。

分数阶积分在图像去噪方面具有高效性，不用估计噪声方差，直接使用模板就可以对图像进行去噪处理，并在去噪的同时较好的保留图像边缘信息。目前，文献(黄果等，2011)，设计了分数阶积分的迭代算法，该算法去噪性能好，可以有效提高图像信噪比。文献(路倩倩，2012)用分数阶小波变换和分数阶积分结合的方法进行图像去噪，算法性能良好；文献(张富平等，2013)用分数阶积分对彩色图像去噪处理，并引入离散四元素傅里叶变换。

综上所述，分数阶微分的图像边缘检测、图像增强，分数阶积分的图像去噪技术受到学者关注，但基于分数阶微分、分数阶积分的自适应算法不多，基于变换域的算法不多，所以构造自适应算法是未来研究热点。

1.3 创 新 点

本书详细论述了图像增强算法、图像边缘检测算法、图像分割算法、人脸识别算法、分数阶微积分算法的原理，实现方法、实现效果，给出了算法实现的 MATLAB 程序代码，并在此基础，做出了以下创新。

(1) 提出了三阶差分边缘检测算法。

该算法将三阶差分理论引入边缘检测滤波器模板的设计中，通过三阶差分理论推导出滤波器模板系数，构造了水平、垂直、45° 对角、135° 对角四个方向的三阶差分滤波器模板，使用该模板与图像卷积运算实现图像边缘的提取和增强。实验结果表明：提出的三阶差分边缘检测算法对图像边缘和细节信息的增强效果优于传统一阶、二阶差分边缘检测算法。

(2) 提出了基于稀疏差分和 Mean-Shift 滤波的 Retinex 人脸识别算法。

该算法针对 Retinex 算法处理人脸光照图像产生的识别率不高的问题，首先在对人脸图像增加部分使用稀疏差分；然后利用 Mean-Shift 滤波代替高斯滤波对光照估计，可以提高在光照变化条件下的人脸图像的识别率，通过采用 Yale B 人脸库，CMU-PIE 人脸图像库和 AR 人脸图像库和 ORL 人脸图像库对算法性能进行测试。结果表明，该算法具有很好的光照鲁棒性，有效提高了人脸的识别率。

(3) 提出了一种基于图像复杂度的自适应分数阶微分算法。

首先依据图像分形的差分盒维数计算理论计算出可以表征图像复杂度的差分维数值，再建立分形维数值与分数阶微分算法分阶数的数学关系，用于自适应确定分阶数，实现依据图像复杂度的自适应图像增强。实验结果表明：该算法可以在保留图像低频信息的同时，增强和提取高频信息，并且根据图像复杂度自适应确定算法分阶数参数，有效的保证了算法增强的最佳效果。

（4）提出了小波与分数阶微分结合的图像增强算法。

分数阶微分图像增强算法可以非线性保留图像低频信息，在一定程度上增强中高频边缘信息，为了提高分数阶微分算法对中高频边缘信息的增强效果，提出了小波与分数阶微分联合的图像增强算法；为配合小波分解后高频图像信息具有的方向性特点，对 Tiansi 分数阶微分算法做出了改进，设计了去水平方向、去垂直方向、去对角方向模板，根据图像小波分解后小波系数具有的方向性特点使用对应模板作边缘信息的进一步提取，最后将处理后的小波系数小波逆变换，得到增强图像；实验结果表明，该算法可以非线性保留图像低频信息，且对图像中高频边缘细节信息的增强能力优于分数阶微分算法，增强效果随着分数阶微分分数值的增大而增大。

（5）设计了用于去噪的分数阶积分算法结构，从数学表达式推到了模板系数，构造了去噪模板，给出了算法实现步骤，编写程序实现了算法的仿真，验证了算法的可行性和有效性。

（6）综合应用图像处理底层算法设计了车牌识别算法。

第2章 数字图像增强算法

一般情况下，图像增强是按特定的需要突出一幅图像中的某些信息，同时削弱或去除某些不需要的信息的处理方法，也是提高图像质量的过程。图像增强的目的是使图像的某些特性方面更加鲜明、突出，使处理后的图像更适合人眼视觉特性或机器分析，以便于实现对图像的更高级的处理和分析。图像增强的过程往往也是一个矛盾的过程：图像增强希望既去除噪声又增强边缘。但是，增强边缘的同时会同时增强噪声，而滤去噪声又会使边缘在一定程度上模糊，因此，在图像增强的时候，往往是将这两部分进行折中，找到一个好的代价函数达到需要增强的目的。图像增强算法可以分为空域增强算法和频域增强算法两大类。空域增强算法是在图像平面上修改灰度的各种算法，是在图像所在像素空间直接进行处理。空域增强算法又可以分为点运算和局部运算。频域增强算法是基于傅里叶变换式对图像在频谱上进行修改，增强或抑制所希望的频谱，是一种间接增强的算法。

2.1 空域图像增强算法

在数字图像处理中，空域是指由像素组成的空间，空域增强方法是指直接作用于像素的增强方法。空域处理如式(2-1)所示：

$$g(x,y) = T(f(x,y)) \tag{2-1}$$

其中 $f(x,y)$ 是增强前的图像，$g(x,y)$ 是处理后的图像，而 T 是对 f 的一种操作，其定义 (x,y) 的邻域。如果 T 是定义在每个 (x,y) 点上，则 T 称为点操作；如果 T 是定义在 (x,y) 某个邻域上，则 T 称为模板操作。

点操作是模板操作的最简单的形式即邻域 1×1 的情况，这时 g 的值仅依赖于 f 在 (x,y)，T 操作成为灰度变换函数，如果以 s 和 t 分别代表 f 和 g 在 (x,y) 处的灰度值则式(2-1)可写成：

$$t = T(s) \tag{2-2}$$

一般情况下像素的邻域比像素大，即像素的邻域中除了本身外还有其他像素。此时 g 的值不仅依赖 f 在 (x,y) 点的值，还与该邻域中其他像素灰度值有关。如果以 s 和 t 分别代表 f 和 g 在 (x,y) 处的灰度值，并以 $n(s)$ 代表 f 在 (x,y) 邻域内像素的灰度值，则式(2-2)可写成：

$$t = T(s,n(s)) \tag{2-3}$$

这时模板操作常称为空间滤波。

2.1.1 直接灰度变换算法

直接灰度变换属于所有图像增强中最简单的一类，这种变换算法很多，如图像求反、线性灰度变换、对数变换、灰度切割等。下面主要介绍对数变换与灰度切割。

1. 对数变换

输出图像 $g(x,y)$ 与输入图像 $f(x,y)$ 的亮度值关系值为对数形式：

$$g(x,y) = \lg[(f(x,y)]$$ (2-4)

该变换用于压缩输入图像中高灰度区的对比度，而扩展低灰度值。为避免对零求对数，对 f 求对数改为对 $(f+1)$ 求对数，再以尺度比例常数 C，增加其动态调整范围。因此式(2-4)改为下式：

$$g(x,y) = C\lg[(f(x,y)+1]$$ (2-5)

当图像的动态范围超出显示设备的显示能力时，仅图像最亮部分可显示在设备上，而低值部分看不见。这种情况下，所显示的图像相对于原图像将存在失真。这时，采用对数变换对原图像的动态范围进行压缩，可以消除这种因动态范围太大而产生的失真。图 2.1 是对数变换处理效果。

算法仿真：

```
%对数变换
I=imread('D:\image\xj7.jpg');%读取图像
I=mat2gray(I);% 对数不支持 unit8 类型数据，将矩阵转换为灰度图像数据格式(double)
J=log(I+1);
subplot(1,2,1);
imshow(I);%显示图像
title('原图');
subplot(1,2,2);
imshow(J);
title('对数变换后的图像');
```

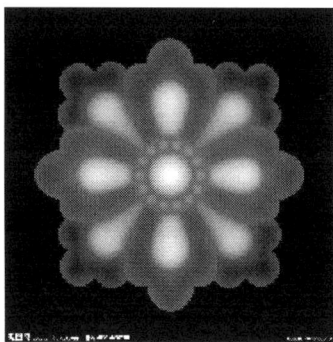

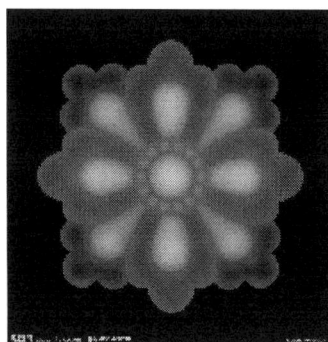

(a)原图　　　　　　　　　　　　　　　(b)对数变换后的图像

图 2.1　原图像与对数变换处理后的图像

从图像对数变换前后的效果比较，可以知道，对数变换确实能够扩展低值灰度，而压缩高值灰度，使低值灰度的图像细节更容易看清。

2. 灰度切割

灰度切割的目的是增强特定范围的对比度，用来突出图像中特定灰度范围的亮度。进行灰度切割的方法有许多，常用的有两种方法：一种是将感兴趣的灰度级以较大值显示出来，而对另外的灰度级以较小的灰度值来显示，如图像二值化将图像上的像素点的灰度值设置为 0 或 255，也就是将整个图像呈现出明显的黑白效果。另一种方法对感兴趣的灰度级以较大的灰度值显示出来，而其他的灰度级则保持不变。图像的灰度切割有利于图像的进一步处理，使图像变得简单，在凸显出感兴趣的目标的轮廓时，使数据量减小。图 2.2 是灰度切割的处理效果。

算法仿真：

```matlab
I=imread('D:\image\xj7.jpg');
subplot(121)
imshow(I);
title('原图')
I=double(I);
[M,N]=size(I);
for i=1:M
    for j=1:N
        if I(i,j)<=50
            I(i,j)=40;
        else
            if I(i,j)<=180
                I(i,j)=220;
            else
                I(i,j)=40;
            end
        end
    end
end
I=uint8(I);
subplot(122);
imshow(I);
title('切割后的图像');
```

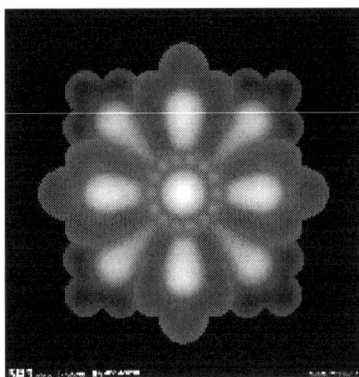

(a)原图　　　　　　　　　　　　　　(b)切割后的图像

图 2.2　原图像与灰度切割后的图像

2.1.2　直方图增强

灰度变换是图像增强的一种重要手段，使图像对比度扩展，图像更加清晰，特征更加明显。灰度级的直方图给出了一幅图像概貌的描述，通过修改灰度直方图来得到图像增强。

10

直方图变换直方图变换是以概率论为基础的对灰度进行变换的又一种对比度增强技术。

1. 直方图

图像的直方图是图像的重要统计特征，它表示了数字图像中每一灰度级与该灰度级出现频率的关系。输入图像 f 中某一灰度 f_i 的像素数目 n 占总像素数目 N 的份额 n/N 称为该灰度像素在该图像中出现的概率密度 p，它随灰度变化的函数称为输入图像的概率密度函数：

$$p(f_i) = n/N \qquad i = 0,1,\cdots,L-1 \qquad (2\text{-}6)$$

该函数是一簇梳状直线，被定义为直方图。可见一幅图像的明暗分布状态，可以通过直方图反映出来。直方图变换是以概率论为基础的对灰度进行变换的又一种对比度增强技术。可以有针对性地通过改变直方图的灰度分布状况，使灰度均匀地或按预期目标分布于整个灰度范围空间，从而达到图像增强的效果。

灰度直方图是离散函数，一般的来讲，要精确地得到图像的灰度密度函数是比较困难的，在实际中，可以使数字图像灰度直方图来代替。归纳起来，直方图主要有以下几点性质：

（1）直方图反映了图像的整体灰度。直方图反映了图像的整体灰度分布情况，对于暗色图像，直方图的组成集中在灰度级低(暗)的一侧，相反，明亮图像的直方图则倾向于灰度级高的一侧。直观上讲，可以得出这样的结论：若一幅图像其像素占有全部可能的灰度级并且分布均匀，这样的图像有高对比度和多变的灰度色调。

（2）直方图中不包含位置信息。直方图只是反映了图像灰度分布的特性，和灰度所在的位置没有关系，不同的图像可能具有相近或者完全相同的直方图分布。

（3）直方图的可叠加性。一幅图像的直方图等于它各个部分直方图的和。

（4）直方图具有统计特性。从直方图的定义可知，连续图像的直方图是一位连续函数。

MATLAB 图像处理工具箱提供了 imhist 函数来计算和显示图像的直方图，灰度直方图是灰度值的函数，描述的是图像中具有该灰度值的像素的个数，如图 2.3 所示，(b)为图像(a)的灰度直方图，其横坐标表示像素的灰度级别，纵坐标表示该灰度出现的频率(像素的个数)。

算法仿真：

```
I=imread('D:\image\xj8.jpg');%读入图像
subplot(211);
imshow(I);显示原图
title('原图');
subplot(212);
imhist(I);%绘制图像的灰度直方图
title('原图的灰度直方图');
```

当图像对比度较小时，它的灰度直方图只在灰度轴上较小的一段区间上非零，较暗的图像由于较多的像素灰度值低，因此它的直方图的主体出现在低值灰度区间上，其在高值灰度区间上的幅度较小或为零，而较亮的图像情况正好相反。

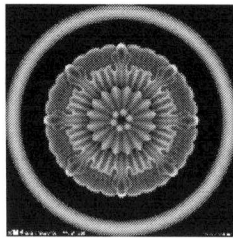
(a) 原图

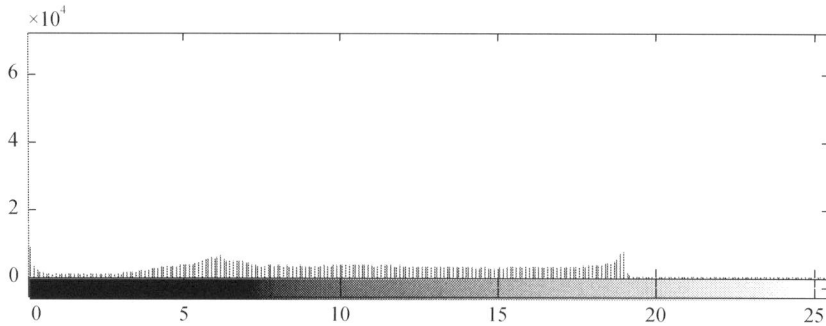
(b) 原图的灰度直方图

图 2.3　灰度直方图

2. 直方图均衡化

若一幅图像其像素占有全部可能的灰度级并且分布均匀，则这样的图像有高对比度和多变的灰度色调，并显示出一幅灰度级丰富且动态范围大的图像。直方图均衡化可以仅依靠输入图像的直方图信息达到这一效果。这个方法的基本思想是把原始图像不均衡的直方图变换为均匀的分布形式，这样灰度值的动态范围增加，从而达到增强图像整体对比度的效果。

在 MATLAB 中，histeq 函数可以实现直方图均衡化。该命令对灰度图像 I 进行变换，返回有 N 级灰度的图像 J，J 中的每个灰度级具有大致相同的像素点，所以图像 J 的直方图较为平坦。

算法仿真：

```
I=imread('D:\image\xj004.jpg');%读入图像
subplot(221);
imshow(I);%显示原图像
title('原图');
subplot(222);
imhist(I);%显示原图的灰度直方图
title('原图的灰度直方图');
subplot(223);
J=histeq(I,64);%对图像进行均衡化处理
imshow(J);%显示图像
title('原图直方图均衡化');
subplot(224);
imhist(J);%绘制图像的灰度直方图
title('均衡后的灰度直方图');
```

直方图均衡化实例如图 2.4 所示。

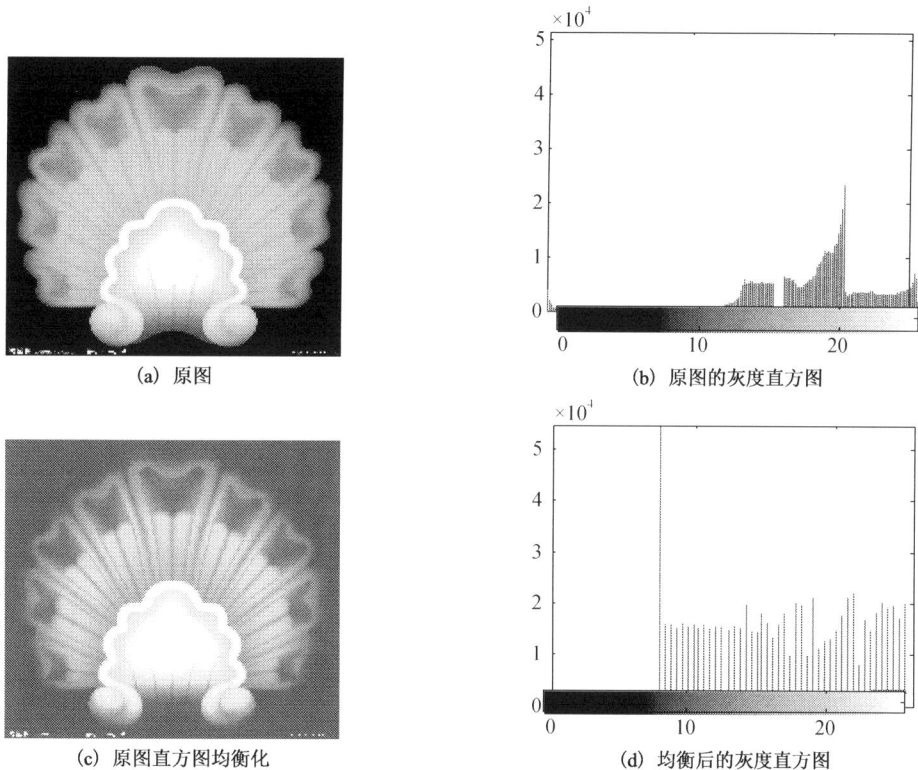

(a) 原图

(b) 原图的灰度直方图

(c) 原图直方图均衡化

(d) 均衡后的灰度直方图

图 2.4　直方图均衡化实例

从直方图统计可以看出，原始图的灰度范围是 150～255，但不均匀分布，而直方图均衡化后，灰度是几乎均匀地分布在 100～255 的范围内，图像明暗分明，对比度增大，图像比较清晰，很好的改善了原始图的视觉效果。

优势：能够使得处理后图像的概率密度函数近似服从均匀分布，其结果扩张了像素值的动态范围，是一种常用的图像增强算法。

不足：不能抑制噪声。

3．灰度调整

1）imadjust 函数

MATLAB 软件中，imadjust 函数可以实现图像的灰度变换，通过直方图变换调整图像的对比度。

$$J = \text{imadjust}\left(I, [\text{low high}], [\text{bottom top}], \text{gamma}\right)$$

式中，gamma 为校正量 r；[low high] 为原图像中要变换的灰度范围；[bottom top] 指定了变换后的灰度范围。

算法仿真：

```
I=imread('D:\image\xj8.jpg');%读取图像
subplot(2,2,1);
imshow(I);%显示图像
```

```
title('原图');
subplot(2,2,2);
imhist(I);%绘制图像的灰度直方图
title('原图的灰度直方图');
subplot(2,2,3);
J=imadjust(I,[0.3 0.7],[]);%对图像进行灰度变换
imshow(J);%显示图像
title('原图直方图均衡化');
subplot(2,2,4);
imhist(J);% 绘制图像的灰度直方图
title('均衡后的灰度直方图');
```

imadjust 函数衡化效果如图 2.5 所示。

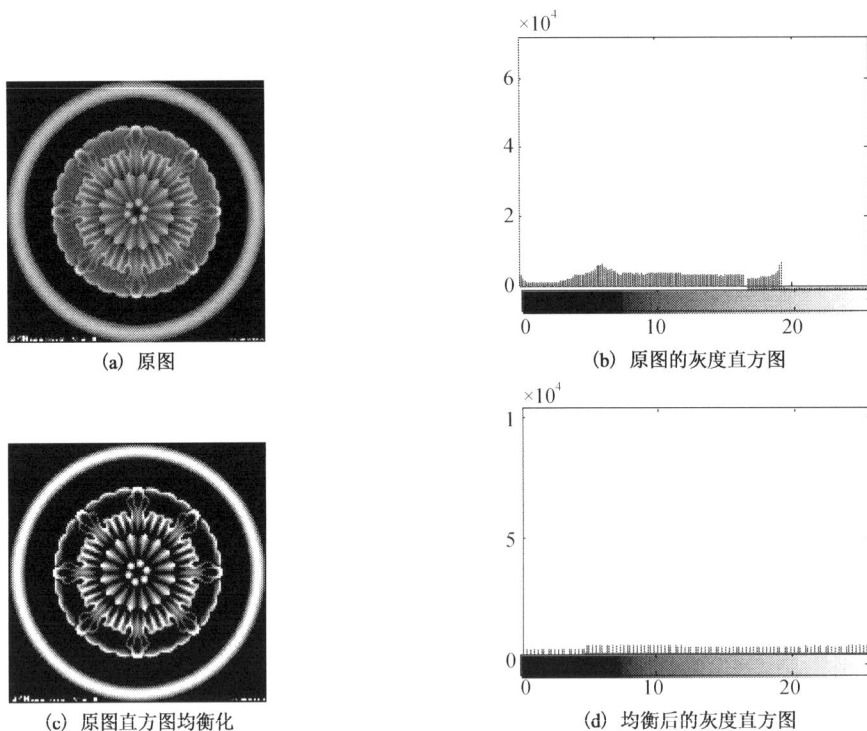

(a) 原图

(b) 原图的灰度直方图

(c) 原图直方图均衡化

(d) 均衡后的灰度直方图

图 2.5　imadjust 函数均衡化效果

2) Gamma 校正

Gamma 校正也是数字图像处理中常用的图像增强技术。imadjust 函数中的 gamma 因子即是这里所说的 Gamma 校正的参数。gamma 因子的取值决定了输入图像到输出图像的灰度映射方式，即决定了增强低灰度还是增强高灰度。当 gamma 等于 1 时，为线性变换。

算法仿真：

```
for i=0:255;
    f=power((i+0.5)/256,1/2.2);
    LUT(i+1)=uint8(f*256-0.5);
end
img=imread('D:\image\xj5.jpg');
img0=rgb2ycbcr(img);
```

```
R=img(:,:,1);
G=img(:,:,2);
B=img(:,:,3);
Y=img0(:,:,1);
Yu=img0(:,:,1);
[x y]=size(Y);
for row=1:x
    for width=1:y
        for i=0:255
        if (Y(row,width)==i)
            Y(row,width)=LUT(i+1);
            break;
        end
        end
    end
end
img0(:,:,1)=Y;
img1=ycbcr2rgb(img0);
R1=img1(:,:,1);
G1=img1(:,:,2);
B1=img1(:,:,3);
subplot(1,2,1);
imshow(img);%显示图像
title('原图');
subplot(1,2,2);
imshow(img1);
title('Gamma 校正后的图像')
```

原图与 Gamma 校正后的图像如图 2.6 所示。

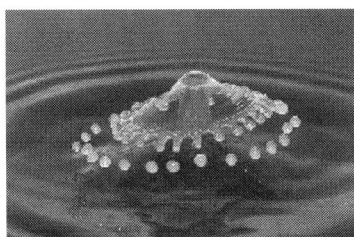

(a) 原图

(b) Gamma 校正后的图像

图 2.6　原图与 Gamma 校正后的图像

2.1.3　空域滤波增强

空域滤波是在图像空间中借助模板进行邻域操作完成的，根据操作特点可以分为线性滤波和非线性滤波两类，而根据滤波效果又可分为平滑滤波和锐化滤波两种。空域滤波原理，就是在待处理的图像中逐点移动模板。

对于线性空域滤波，其响应由滤波器系数与滤波模板扫过区域的相应像素值乘积之和给出，对于 3×3 模板，在图像 (x,y) 处的响应如下：

$$R = w(-1,-1)f(x-1, \ y-1)+w(-1,0)f(x-1,y)+\cdots+w(1,1)f(x+1,y+1) \tag{2-7}$$

将 R 值赋给增强图像，作为在 (x,y) 位置的灰度值。

一般来说，在 $m \times n$ 的滤波器模板进行线性滤波由下式给出：

$$R = \sum_{x=-a}^{a} \sum_{y=-b}^{b} w(s,t)f(x+s,y+t) \tag{2-8}$$

其中 $a=(m-1)/2$，$b=(n-1)/2$。要得到一幅完整的经过滤波处理的图像，就是对每个像素都进行这样的赋值。

非线性空域也是基于邻域处理，且模板扫过图像的机理与线性空域滤波一样，不过滤波处理取决于所考虑邻域像素点的值，不是直接用式(2-8)得到，非线性滤波器可以有效降低噪声。

1. 平滑滤波

1）线性平滑滤波器

线性低通滤波器是最常用的线性平滑滤波器。线性平滑滤波就是用滤波模板确定的邻域内像素的平均灰度值去代替图像中的每一个像素点的值，这种处理减少了图像灰度的"尖锐"变化。下面介绍线性平滑滤波技术中的邻域平均法。

邻域平均法的数学表达式为

$$g(x,y) = \sum_{i=-m}^{m} \sum_{j=-n}^{n} w(i,j)f(x-i,y-j) \tag{2-9}$$

式中，$w(i,j)$ 为 $(2m+1) \times (2n+1)$ 矩阵 w 的一个元素。例如，对于 3×3 的邻域而言，权矩阵 w($m=1$, $n=1$) 为：

$$w = \frac{1}{9} \begin{bmatrix} 1 & 1 & 1 \\ 1 & 1 & 1 \\ 1 & 1 & 1 \end{bmatrix}$$

等权平均对减少边缘模糊效应的作用不大。要想去除噪声又能减少边缘模糊，则须用非等加权平均。譬如权矩阵 w 可以为：

$$w = \frac{1}{14} \begin{bmatrix} 1 & 2 & 1 \\ 2 & 2 & 2 \\ 1 & 2 & 1 \end{bmatrix}$$

这样就使灰度相近的邻点参与平均的比重大。

算法仿真：

```
%利用邻域平均模板例子
I=imread('D:\image\xj.jpg');
I=rgb2gray(I);
J=imnoise(I,'salt & pepper',0.1);
subplot(231);
imshow(I);
title('原图');
subplot(232),imshow(J);
title('添加椒盐噪声图像');
K1=filter2(fspecial('average',3),J)/255;%应用3×3邻域窗口法
subplot(233),imshow(K1);
title('3x3邻域平均滤波图像');
```

```
K2=filter2(fspecial('average',5),J)/255;% 应用 5×5 邻域窗口法
subplot(234),imshow(K2);
title('5x5 邻域平均滤波图像');
K2=filter2(fspecial('average',7),J)/255;% 应用 7×7 邻域窗口法
subplot(235),imshow(K2);
title('7x7 邻域平均滤波图像');
K2=filter2(fspecial('average',9),J)/255;% 应用 9×9 邻域窗口法
subplot(236),imshow(K2);
title('9x9 邻域平均滤波图像');
```

邻域平均滤波如图 2.7 所示。

(a) 原图　　　　　　　　(b) 添加椒盐噪声图像　　　　　(c) 3×3 邻域平均滤波图像

(d) 5×5 邻域平均滤波图像　　　(e) 7×7 邻域平均滤波图像　　　(f) 9×9 邻域平均滤波图像

图 2.7　邻域平均滤波

邻域平均滤波方法有力地抑制了噪声，但同时也引起了模糊，模糊程度与邻域半径成正比。

2) 非线性平滑滤波器

中值滤波是一种非线性平滑滤波，中值滤波优于邻域平均之处在于它不仅像领域平均一样可以抑制噪声，而且在一定条件下可以克服线性滤波(如邻域平均)带来的图像细节模糊。但对某些细节(特别是点、线、尖顶)多的图像不宜采用中值滤波。

中值滤波的原理：用模板区域内像素的中间值，作为结果值 $R = \text{mid}\{Z_k \mid k = 1,2,\cdots,n\}$，即是强迫突出的亮点(暗点)更象它周围的值，以消除孤立的亮点(暗点)。

中值滤波算法的实现：将模板区域内的像素排序，求出中间值。例如：3×3 的模板，第 5 大的是中值，5×5 的模板，第 13 大的是中值，7×7 的模板，第 25 大的是中值，9×9 的模板，第 41 大的是中值。对于同值像素，连续排列。如(10,15,20,20,20,20,20,25,100)，中值则是 20。

中值滤波算法的特点：

(1) 在去除噪声的同时，可以比较好地保留边的锐度和图像的细节(优于均值滤波器)。

(2) 能够有效去除脉冲噪声：以黑白点叠加在图像上。

算法仿真：

(1) 加入椒盐噪声的中值滤波

```
hood=3;
[P,map]=imread('D:\image\xj.jpg');
```

```
I=rgb2gray(P);
subplot(231);
imshow(I,map);
title('原图');
noisy=imnoise(I,'salt & pepper',0.05);  %加入强度为 0.05 椒盐噪声
subplot(232);
imshow(noisy,map);
title('加入椒盐噪声');
filtered1=medfilt2(noisy,[hood hood]);%3×3 二维中值滤波
subplot(233);
imshow(filtered1,map);
title('3×3 窗口');
hood=5;
filtered2=medfilt2(noisy,[hood hood]);  %5×5 二维中值滤波
subplot(234);
imshow(filtered2,map);
title('5×5 窗口');
hood=7;
filtered3=medfilt2(noisy,[hood hood]);  %7×7 二维中值滤波
subplot(235);
imshow(filtered3,map);
title('7×7 窗口');
hood=9;
filtered3=medfilt2(noisy,[hood hood]);  %9×9 二维中值滤波
subplot(236);
imshow(filtered3,map);
title('9×9 窗口');
```

图 2.8 是用不同窗口对加入椒盐噪声的图像进行中值滤波, 从图 2.8 所示中值滤波结果与图 2.7 所示的邻域平均滤波结果进行比较可以看到, 中值滤波器不像邻域平均滤波那样使图像边界模糊, 它在衰减噪声同时, 保持了图像细节的清晰。对于椒盐噪声, 中值滤波效果比均值滤波效果好。原因如下:

① 椒盐噪声是幅值近似相等但随机分布在不同位置上, 图像中有干净点也有污染点。

② 中值滤波是选择适当的点来替代污染点的值, 所以处理效果好。

③ 因为噪声的均值不为 0, 所以均值滤波不能很好地去除噪声点。

  (a) 原图   (b) 加入椒盐噪声   (c) 3×3 窗口

  (d) 5×5 窗口   (e) 7×7 窗口   (f) 9×9 窗口

图 2.8 中值滤波

（2） 加入高斯噪声的中值滤波和邻域平均滤波比较

对于加高斯噪声的图像，中值滤波和平均滤波的滤波效果对比如图 2.9 所示，对于高斯噪声，中值滤波效果比均值滤波效果好。原因如下：

① 高斯噪声是幅值近似正态分布，但分布在每点像素上。

② 图像中的每点都是污染点，所以中值滤波选不到合适的干净点。

③ 因为正态分布的均值为 0，所以均值滤波可以消除噪声(实际上只能减弱，不能消除)。

算法仿真：

```
I=imread('D:\image\xj5.jpg');
I=rgb2gray(I);
J=imnoise(I,'gaussian',0,0.01);
subplot(2,2,1);
imshow(I);
title('原图');
subplot(2,2,2);
imshow(J);
title('加入高斯噪声后的图像');
K=fspecial('average',5);
K1=filter2(K,J)/255;
subplot(2,2,3);
imshow(K1);
title('平均滤波');
L=medfilt2(J,[3 5]);
subplot(2,2,4);
imshow(L);
title('中值滤波');
```

(a) 原图

(b) 加入高斯噪声后的图像

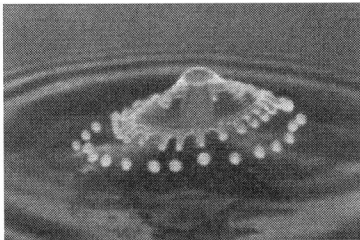

(c) 平均滤波

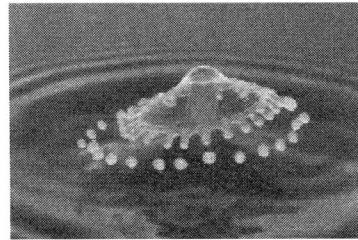

(d) 中值滤波

图 2.9　平均滤波与中值滤波去除高斯噪声对比

19

2. 锐化滤波器

1）梯度算子

图像的锐化与平滑相反，由于均值产生钝化的效果，而均值与积分相似，由此而联想到：微分能不能产生相反的效果，即锐化的效果？结论是肯定的。

在图像处理中应用微分常用的方法是计算梯度。函数 $f(x,y)$ 在 (x,y) 处的梯度定义为一个二维列向量：

$$G[f(x,y)] = \begin{bmatrix} G_x \\ G_y \end{bmatrix} = \begin{bmatrix} \dfrac{\partial f}{\partial x} \\ \dfrac{\partial f}{\partial y} \end{bmatrix} \tag{2-10}$$

这个梯度向量模值由下式给出：

$$G_M[f(x,y)] = \sqrt{G_x^2 + G_y^2} = \sqrt{\left(\dfrac{\partial f}{\partial x}\right)^2 + \left(\dfrac{\partial f}{\partial y}\right)^2} \tag{2-11}$$

梯度向量本身是线性算子，但梯度向量模值不是线性的，这里一般把梯度向量模值称为梯度。在数字图像中式(3-11)计算量大，因此，在实际计算中用绝对值代替代替平方和平方根计算，所以求梯度模值近似为：

$$G_M[f(x,y)] = |G_x| + |G_y| \tag{2-12}$$

对于数字图像式(2-12)中的导数可用差分来近似，这样 G_x 和 G_y 的一种近似式可以是：

$$G_x = f(x,y) - f(x+1,y), \quad G_y = f(x,y) - f(x,y+1) \tag{2-13}$$

以上梯度法又称为水平垂直差分法，也称为直接差分法。直接差分法的模板如图 2.10(a) 所示。式(2-13)表示的近似处理方式不是唯一的。另一种梯度法称为 Roberts 交叉差分算法，图 2.10(b)是此算法的模板，该方法的近似式为：

$$G_x = f(x,y) - f(x+1,y+1) \text{和} G_y = f(x+1,y) - f(x,y+1) \tag{2-14}$$

1	0
-1	0

1	-1
0	0

(a) 直接差分算子

1	0
0	-1

0	1
-1	0

(b) Roberts 算子

图 2.10　两种差分算子

对于 3×3 模板常用的有 Sobel 算子和 Prewitt 算子。Sobel 算子的特点是对称的一阶差分，对中心加权有一定的平滑作用。Sobel 算子和 Prewitt 算子模板如图 2.11 所示。

1	2	1
0	0	0
-1	-2	-1

1	0	-1
2	0	-2
1	0	-1

(a) Sobel 算子

1	1	1
0	0	0
-1	-1	-1

-1	0	1
-1	0	1
-1	0	1

(b) Prewitt 算子

图 2.11　两种常用的梯度算子

以上几种梯度近似算法都无法求得图像的最后一行和最后一列像素的梯度，最后一行最后一列像素的梯度一般由前一行或前一列的梯度值近似代替。由式(2-13)和式(2-14)可以看出，梯度值和邻近像素灰度值的差分成正比，因此图像中灰度变化较大的边缘区域的梯度值大，而灰度变化平缓或微弱的区域的梯度值小。由此可知经过梯度运算后，留下灰度值变化大的边缘，使其细节清从而达到锐化的目的。

算法仿真：

```
I=imread('D:\image\xj8.jpg','jpg');
subplot(131);
imshow(I);
H=fspecial('Sobel');
H='H';
TH=filter2(H,I);
subplot(132);
imshow(TH,[]);
H='H';
TH=filter2(H,I);
subplot(133);
imshow(TH,[]);
```

图 2.12 是用 Sobel 算子进行锐化，图 2.12(b)用的是水平模板，它对垂直边缘有较强的响应；图 2.12(c)用的是垂直模板，它对水平边缘有较强的响应。

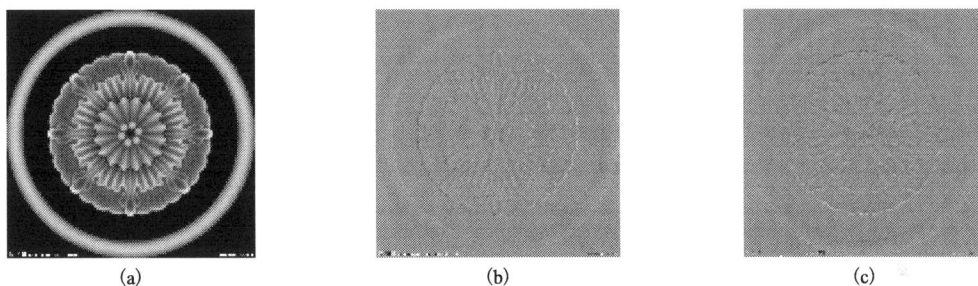

(a)　　　　　　　　　　(b)　　　　　　　　　　(c)

图 2.12　Sobel 算子锐化实例

3）拉普拉斯算子

梯度算子法是一阶差分，而梯度拉普拉斯(Laplacian)算子是一种各项同性的二阶导数算子，对于一个连续函数 $f(x,y)$，它在位置 (x,y) 处的拉普拉斯算子定义为

$$\nabla^2 f = \frac{\partial^2 f}{\partial^2 x} + \frac{\partial^2 f}{\partial^2 y} \tag{2-15}$$

由于任意阶微分都是线性的，因此拉普拉斯变换也是一个线性操作。

对于数字图像来说，图像 $f(x,y)$ 的拉普拉斯算子定义为

$$\nabla^2 f(x,y) = \nabla_x^2 f(x,y) + \nabla_y^2 f(x,y) \tag{2-16}$$

式中，$\nabla_x^2 f(x,y)$、$\nabla_y^2 f(x,y)$ 是 $f(x,y)$ 在 x 方向和 y 方向的二阶差分，因此离散函数的拉普拉斯算子可表示为：

$$\nabla^2 f(x,y) = [f(x+1,y) + f(x-1,y) + f(x,y+1) + f(x,y-1)] - 4f(x,y) \tag{2-17}$$

式(2-17)可以用图 2.13(a)所示的模板表示，且拉普拉斯算子显然是各向同性的。

对角线上的像素也可以加入到拉普拉斯变换中，这样式(2-17)扩展成：
$$\nabla^2 f(x,y) = [f(x+1,y-1) + f(x+1,y+1) + f(x-1,y+1) + f(x-1,y-1)$$
$$+ f(x+1,y) + f(x-1,y) + f(x,y+1) + f(x,y-1)] - 8f(x,y) \qquad (2-18)$$
式(2-18)可以用图2.13(b)所示的模板表示

0	1	0
1	-4	1
0	1	0

(a)

1	1	1
1	-8	1
1	1	1

(b)

图 2.13　拉普拉斯模板

算法仿真：

```
a=imread('D:\image\xj7.jpg');
subplot(131);
imshow(a);
title('原图');
b=double(a);
s=size(b);
c=zeros(s(1,1),s(1,2));
for x=2:s(1,1)-1
    for y=2:s(1,2)-1
        c(x,y)=(-b(x+1,y)-b(x-1,y)-b(x,y+1)-b(x,y-1)+4*b(x,y));
    end
end
 subplot(132);
imshow(c);
title('Laplace 锐化滤波图像');
```

拉普拉斯锐化实例如图2.14所示。

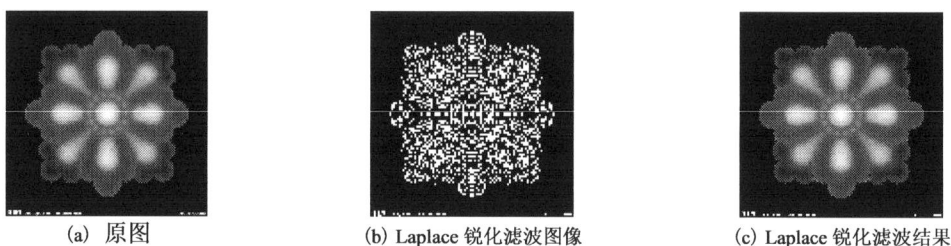

(a) 原图　　　　　　(b) Laplace 锐化滤波图像　　　　　　(c) Laplace 锐化滤波结果

图 2.14　拉普拉斯锐化实例

　　这种简单的锐化方法既可以产生拉普拉斯锐化处理的效果，同时又能保留背景信息：将原始图像叠加到拉普拉斯变换的处理结果中去，可以使图像中的各灰度值得到保留，灰度突变处的对比度得到增强，最终结果是在保留图像背景的前提下，突现出图像中小的细节。

　　比较原始模糊图像和经过拉普拉斯算子运算的图像，可以发现，图像模糊的部分得到了锐化，特别是模糊的边缘部分得到了增强，边界更加明显。但是图像显示清楚的地方，经过滤波发生了失真，这也是拉普拉斯算子增强的一大缺点。

2.2　频域滤波增强算法

在实际应用中，频域中滤波往往比空域更简便。频域和空域之间的联系建立在卷积理论基础上。将图像模板在图像逐像素移动，并对每个像素进行指定数量的计算，这个过程就是卷积过程。设大小为 $M×N$ 的函数 $f(x,y)$ 和 $h(x,y)$ 的卷积表示为 $f(x,y) \otimes h(x,y)$ 并定义为：

$$f(x,y) \otimes h(x,y) = \frac{1}{MN} \sum_{m=0}^{M-1} \sum_{n=0}^{N-1} f(m,n)h(x-m,y-n) \tag{2-19}$$

用和 $H(u,v)$ 分别表示 $f(x,y)$ 和 $h(u,v)$ 的傅里叶变换，卷积定理就是 $f(x,y) \otimes h(x,y)$ 和 $F(x,y)H(x,y)$ 组成一傅里变换对，同时 $f(x,y)h(x,y)$ 和 $F(x,y) \times H(x,y)$ 也组成一傅里变换对。可表示为：

$$f(x,y) \otimes h(x,y) \Leftrightarrow F(u,v)H(u,v) \tag{2-20}$$

$$f(x,y)h(x,y) \Leftrightarrow F(u,v) \otimes H(u,v) \tag{2-21}$$

如果设 $g(x,y) = f(x,y) \otimes h(x,y)$ 则

$$G(u,v) = H(u,v)F(u,v) \tag{2-22}$$

式中，$G(u,v)$ 是 $g(x,y)$ 的傅里叶变换。

在具体的增强应用中，这样可得到 $F(u,v)$ 只要确定 $H(u,v)$ 就可以算出 $G(u,v)$，于是可从下式得到所需的 $g(x,y)$：

$$g(x,y) = F^{-1}[H(u,v)F(u,v)] \tag{2-23}$$

2.2.1　低通滤波器

低通滤波器的功能是让低频通过而滤掉或衰减高频，其作用是滤掉了包含在高频中的噪声，同时抑制了边界（由于图像的边界对应高频部分）。所以低通滤波的效果是图像的平滑增强。

1. 理想低通滤波器

所谓理想低通滤波器，是指可以"截断"傅里叶变换的高频部分——这些成分处在离变换原点的距离比指定距离 D_0 要远的多，这种滤波器为理想低通滤波器，其传递函数为：

$$H(u,v) = \begin{cases} 1, & D(u,v) \leqslant D_0 \\ 0, & D(u,v) \geqslant D_0 \end{cases} \tag{2-24}$$

式中，D_0 是非负数；$D(u,v)$ 是从点 (u,v) 到频率平面原点的距离。尽管理想低通滤波器在计算模拟中可以实现，但理想低通滤波器这种陡峭截断频率用实际的电子器件实现不了。

理想低通滤波器平滑处理的概念非常清晰，但在处理的过程中会产生比较严重的振铃现象，这种现象是由于傅里叶变换的性质决定的。由于 $H(u,v)$ 是一个理想矩形特性，那么它的逆变换必然会产生无限的振铃的特性，经 $f(x,y)$ 与卷积后则给 $g(x,y)$ 带来模糊和振铃现象。D_0 越小模糊和振铃现象越严重，其平滑效果越差。可以在图 2.15 中明显的看到这种现象。

算法仿真:

```
%低通滤波产生的模糊与振铃现象
j=imread('D:\image\xj7.jpg');
subplot(231);
imshow(j);
title(' 原图')
J=double(j);
%傅里叶变换
f=fft2(J);
%数据矩阵平衡
g=fftshift(f);
subplot(232);
imshow(log(abs(g)),[]);
title('原傅里叶频谱')
color(jet(64));
[M,N]=size(f);
n1=floor(M/2);
n2=floor(N/2);
%d0=5,15,45,65
d0=5;
for i=1:M
    for j=1:N
        d=sqrt((i-n1)^2+(j-n2)^2);
        if d<=d0
        h=1;
        else
            h=0;
        end
        g(i,j)=h*g(i,j);
    end
end
g=ifftshift(g);
g=uint8(real(ifft2(g)));
subplot(233);
imshow(g);
title('半径d0=5图')
j=imread('D:\image\xj7.jpg');
J=double(j);
%傅里叶变换
f=fft2(J);
%数据矩阵平衡
g=fftshift(f);
color(jet(64));
[M,N]=size(f);
n1=floor(M/2);
n2=floor(N/2);
%d0=5,15,45,65
```

```matlab
d0=15;
for i=1:M
    for j=1:N
        d=sqrt((i-n1)^2+(j-n2)^2);
        if d<=d0
        h=1;
        else
            h=0;
        end
        g(i,j)=h*g(i,j);
    end
end
g=ifftshift(g);
g=uint8(real(ifft2(g)));
subplot(234);
imshow(g);
title('半径 d0=15 图')
j=imread('D:\image\xj7.jpg');
J=double(j);
%傅里叶变换
f=fft2(J);
%数据矩阵平衡
g=fftshift(f);
color(jet(64));
[M,N]=size(f);
n1=floor(M/2);
n2=floor(N/2);
%d0=5,15,45,65
d0=45;
for i=1:M
    for j=1:N
        d=sqrt((i-n1)^2+(j-n2)^2);
        if d<=d0
        h=1;
        else
            h=0;
        end
        g(i,j)=h*g(i,j);
    end
end
g=ifftshift(g);
g=uint8(real(ifft2(g)));
subplot(235);
imshow(g);
title('半径 d0=45 图')
j=imread('D:\image\xj7.jpg');
J=double(j);
%傅里叶变换
```

```
f=fft2(J);
%数据矩阵平衡
g=fftshift(f);
color(jet(64));
[M,N]=size(f);
n1=floor(M/2);
n2=floor(N/2);
%d0=5,15,45,65
d0=65;
for i=1:M
    for j=1:N
        d=sqrt((i-n1)^2+(j-n2)^2);
        if d<=d0
        h=1;
        else
            h=0;
        end
        g(i,j)=h*g(i,j);
    end
end
g=ifftshift(g);
g=uint8(real(ifft2(g)));
subplot(236);
imshow(g);
title('半径 d0=65 图')
```

理想低通滤波器产生的图像模糊如图 2.15 所示。

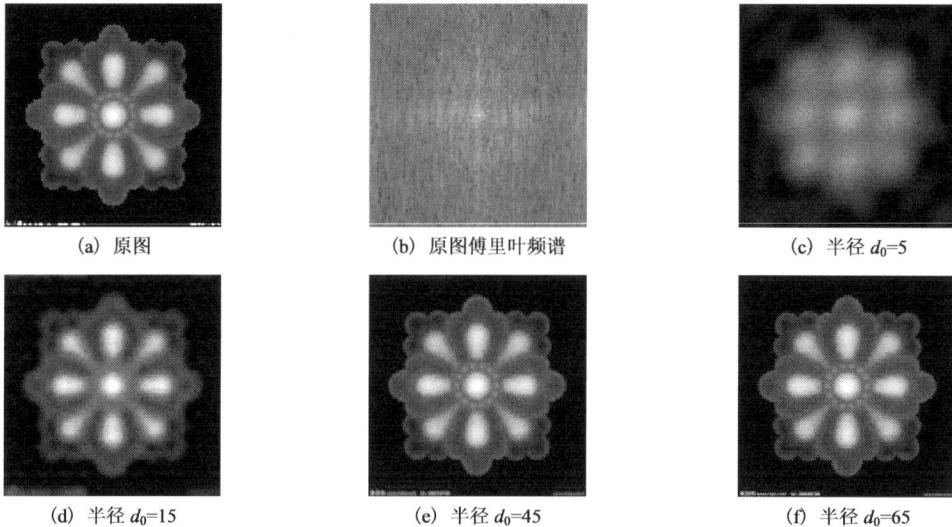

<table>
<tr><td>(a) 原图</td><td>(b) 原图傅里叶频谱</td><td>(c) 半径 $d_0=5$</td></tr>
<tr><td>(d) 半径 $d_0=15$</td><td>(e) 半径 $d_0=45$</td><td>(f) 半径 $d_0=65$</td></tr>
</table>

图 2.15 理想低通滤波器产生的图像模糊

2. 巴特沃斯低通滤波器

物理上可以实现的一种低通滤波器是巴特沃斯滤波器。一个阶为 n，截断频率为 D_0 的巴特沃斯低通滤波器的传递函数为

$$H(u,v) = \frac{1}{1+[D(u,v)/D_0]^{2n}} \qquad (2\text{-}25)$$

巴特沃斯低通滤波器在高低频率间的过渡比较光滑，所以用巴特沃斯滤波器得到的输出，其振铃现象不明显。一般情况下，常取使 H 最大值降到某个百分比的频率为截断频率。

算法仿真：

```
I=imread('D:\image\xj8.jpg');
J=imnoise(I,'salt & pepper',0.02);  %给原图像加入椒盐噪声
subplot(121);
imshow(J);
title('含椒盐噪声图像');
J=double(J);
f=fft2(J);  %采用傅里叶变换
%数据矩阵平衡
g=fftshift(f);
[M,N]=size(f);
n=3;
d0=20;
n1=floor(M/2);
n2=floor(N/2);
for i=1:M
    for j=1:N
        d=sqrt((i-n1)^2+(j-n2)^2);
        h=1/(1+(d/d0)^(2*n));
        g(i,j)=h*g(i,j);
    end
end
g=ifftshift(g);
g=uint8(real(ifft2(g)));
subplot(122);
imshow(g);
title('巴特滤波后图像')
```

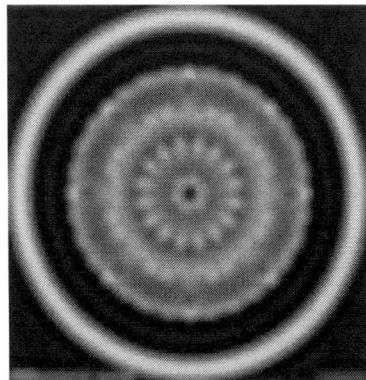

加噪声与巴特沃斯低通滤波后的图像如图 2.16 所示。

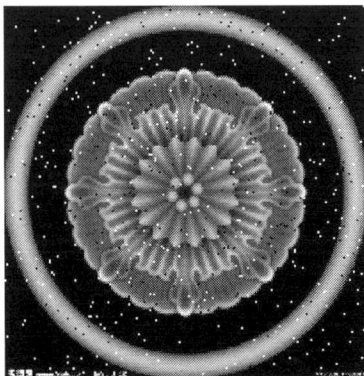

(a) 含椒盐噪声图像　　　　　　　　　　(b) 巴特沃斯低通滤波后图像

图 2.16　加噪声与巴特沃斯低通滤波后的图像

2.2.2 高通滤波器

衰减或抑制低频分量，让高频分量通过称为高通滤波，其作用是使图像得到锐化处理。

1. 理想高通滤波器

理想高通滤波器的传递函数满足以下条件：

$$H(u,v) = \begin{cases} 0 & D(u,v) \leq D_0 \\ 1 & D(u,v) \geq D_0 \end{cases} \tag{2-26}$$

与理想低通滤波器一样，这种理想高通滤波器也无法用实际的电子器件实现。

2. 巴特沃斯高通滤波器

一个阶为 n，截断频率为 D_0 的巴特沃斯高通滤波器的传递函数为：

$$H(u,v) = \frac{1}{1 + [D_0 / D(u,v)]^{2n}} \tag{2-27}$$

与巴特沃斯低通滤波器一样，一般情况下，常取 H 最大值降到某个百分比的频率为巴特沃斯高通滤波器截断频率。

一般情况下，经过高通滤波器滤波后，许多低频信号没了，因此图像的平滑区基本消失，若简单地使用高通滤波器，图像质量可能不能达到满意的改善效果。可以采用高通加强滤波器弥补这种情况，高通加强滤波器实际上是一高通滤波器和全通滤波器构成的，其传递函数为：

$$H'(u,v) = H(u,v) + c \tag{2-28}$$

式中，C 为常数。在图 2.17 中对比巴特沃斯高通滤波器与巴特沃斯高通加强滤波器的滤波结果，巴特沃斯高通滤波器在加强细节但滤除了图像的大部分平滑区，而巴特沃斯高通滤波器则同时保留了图像的平滑区的大部分信息。

算法仿真：

```
J=imread('D:\image\xj123.jpg');
subplot(221);
imshow(J);
title('原图');
J=double(J);
f=fft2(J);        %采用傅里叶变换
g=fftshift(f); %数据矩阵平衡
[M,N]=size(f);
n1=fix(M/2);
n2=fix(N/2);
n=2;
d0=20;
for i=1:M
    for j=1:N
        d=sqrt((i-n1)^2+(j-n2)^2);
        if d==0
        h1=0;
```

```
            h2=0.5;
        else
            h1=1/(1+(d0/d)^(2*n));
            h2=1/(1+(d0/d)^(2*n))+0.5;
        end
        gg1(i,j)=h1*g(i,j);
        gg2(i,j)=h2*g(i,j);
    end
end
gg1=ifftshift(gg1);
gg1=uint8(real(ifft2(gg1)));
subplot(222);
imshow(gg1);                    %显示巴特沃斯高通滤波结果
title('巴特沃斯高通滤波结果');
gg2=ifftshift(gg2);
gg2=uint8(real(ifft2(gg2)));
subplot(223);
imshow(gg2);                    %显示巴特沃斯高通加强滤波结果
title('巴特沃斯高通加强滤波结果');
```

(a) 原图　　　　　　　(b) 巴特沃斯高通滤波结果　　　　　(c) 巴特沃斯高通加强滤波结果

图 2.17　频域高通滤波图像增强

2.2.3　同态滤波器

同态滤波器是一种在频域中同时将图像亮度范围进行压缩和图像对比度增强的方法。一幅图像 $f(x,y)$ 可以用它的照明分量与 $i(x,y)$ 反射分量 $r(x,y)$ 乘积来表示，即：

$$f(x,y) = i(x,y) \cdot r(x,y) \tag{2-29}$$

由于这两个函数的傅里叶变换是不可分的，即：

$$F\{f(x,y)\} \neq F\{i(x,y) \cdot r(x,y)\} \tag{2-30}$$

对式(2-30)两边取自然对数：

$$\ln f(x,y) = \ln i(x,y) + \ln r(x,y) \tag{2-31}$$

在对上式傅里叶变换，得：

$$F(u,v) = I(u,v) + R(u,v) \tag{2-32}$$

假设用一个滤波器 $H(u,v)$ 来处理 $F(u,v)$ 可得到：

$$H(u,v)F(u,v) = H(u,v)I(u,v) + H(u,v)R(u,v) \tag{2-33}$$

逆变换到空域，得：

$$h_f(x,y) = h_i(x,y) + h_r(x,y) \tag{2-34}$$

可见增强后的图像是由对应的照明分量与反射分量两部分叠加而成。

对式(2-34)两边取指数，可得：

$$g(x,g) = \exp|h_f(x,y)| = \exp|h_i(x,y)| \cdot \exp|h_r(x,y)| \tag{2-35}$$

以上的图像增强过程如图 2.18 所示。这种方法是以一类系统的特殊情况为基础的，通常称它为同态图像增强法，而 $H(u,v)$ 称为同态滤波函数，它分别作用在照明分量和反射分量上。

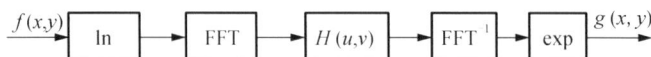

图 2.18　同态图像增强法示意图

一般照明分量通常可用缓慢空间变化表示，而反射分量在不同物体的交界处是急剧变化的，这使图像对数傅里叶变换中的低频部分对应照明分量，而高频部分对应反射分量。图 2.19 是同态滤波增强后的效果，可以看出原图经同态滤波处理后对比度获得增强。

算法仿真：

```
J=double(J);
title('原始图像');
J=double(J);
f=fft2(J);               %傅里叶变换
g=fftshift(f);           %数据矩阵平衡
 [M,N]=size(f);
d0=10, r1=0.5;
rh=2;
c=4;
n1=floor(M/2);
n2=floor(N/2);
for i=1:M
    for j=1:N
        d=sqrt((i-n1)^2+(j-n2)^2);
        h=(rh-r1)*(1-exp(-c*(d.^2/d0.^2)))+r1;
        g(i,j)=h*g(i,j);
    end
end

g=ifftshift(g);
g=uint8(real(ifft2(g)));
subplot(122);
imshow(g);
title('同态滤波后图像');
```

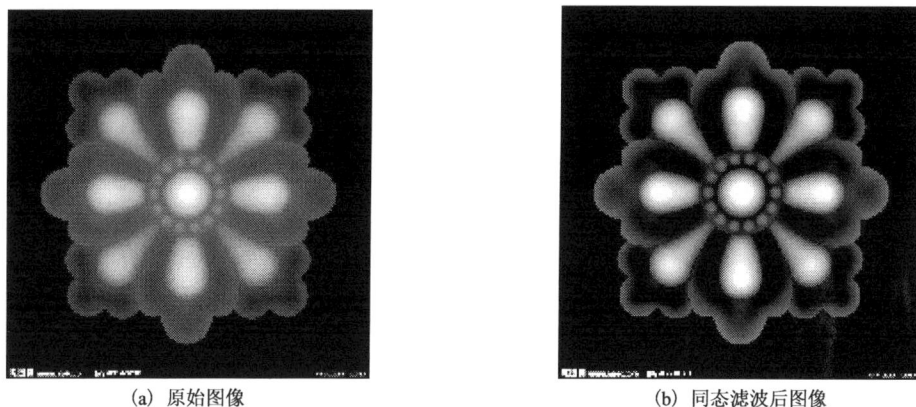

(a) 原始图像   (b) 同态滤波后图像

图 2.19　同态滤波增强效果

2.3　图像增强算法比较

图像增强是数字图像处理的基本技术，其目的是增强突出图像中的一部分重点关注的信息，针对给定图像的应用场合，有目的地强调图像的整体或局部特性，将原来不清晰的图像变得清晰或强调某些感兴趣的特征，扩大图像中不同物体特征之间的差别，抑制暂时不太关注的信息特征，使之改善图像质量、丰富信息量，加强图像判读和识别效果，满足某些特殊分析的需要。

图像增强可分成两大类：频率域法和空间域法。前者把图像看成一种二维信号，对其进行基于二维傅里叶变换的信号增强。采用低通滤波(即只让低频信号通过)法，可去掉图中的噪声；采用高通滤波法，则可增强边缘等高频信号，使模糊的图片变得清晰。具有代表性的空间域算法有局部求平均值法和中值滤波(取局部邻域中的中间像素值)法等，它们可用于去除或减弱噪声。

图像增强的方法是通过一定手段对原图像附加一些信息或变换数据，有选择地突出图像中感兴趣的特征或者抑制(掩盖)图像中某些不需要的特征，使图像与视觉响应特性相匹配。图像增强技术根据增强处理过程所在的空间不同，可分为基于空域的算法和基于频域的算法两大类。基于空域的算法处理时直接对图像灰度级做运算，基于频域的算法是在图像的某种变换域内对图像的变换系数值进行某种修正，是一种间接增强的算法，有低通滤波、高通滤波、同态滤波。

基于空域的算法分为点运算算法和邻域去噪算法。点运算算法包括对数变换法，直方图法等；目的为使图像成像均匀，或扩大图像动态范围，扩展对比度。邻域增强算法分为图像平滑和锐化两种。平滑一般用于消除图像噪声，但是也容易引起边缘的模糊。常用算法有均值滤波、中值滤波。锐化的目的在于突出物体的边缘轮廓，便于目标识别。常用算法有梯度法和拉普拉斯算法等。

第 3 章　数字图像边缘检测算法

边缘的检测常常借助于空域微分算子进行，通过将其模板与图像卷积完成。两个具有不同灰度值的相邻区域之间总存在灰度边缘，灰度边缘是灰度值不连续（或突变）的结果，这种不连续常可利用求一阶和二阶导数方便地检测到，已有的局部技术边缘检测算法，主要有一次微分（Sobel 算子、Roberts 算子等）、二次微分（拉普拉斯算子等），这些边缘检测算法对边缘灰度值过渡比较尖锐且噪声较小等不太复杂的图像，大多数提取算法均可以取得较好的效果。但对于边缘复杂、采光不均匀的图像来说，则效果不太理想，主要表现为边缘模糊、边缘非单像素宽、弱边缘丢失和整体边缘的不连续等方面.

用算子检测图像边缘的方法是用小区域模板对图像进行处理，即采用卷积核作为掩模模板在图像中依次移动，完成图像中每个像素点同模板的卷积运算，最终输出的边缘幅度结果可以检测出图像的边缘，卷积运算是一种邻域运算。图像处理认为：某一点像素的结果不但和本像素灰度有关，而且和其邻域点值有关，运用模板在图像上依此对每一个像素进行卷积，即模板上每一个点的值与其在图像上当前位置对应的像素点值相乘后再相加，得出的值就是该点处理后的新值。

3.1　经典的边缘检测算法

经典的边缘检测方法是对原始图像中像素的某小邻域来构造边缘检测算子。常用的边缘检测方法有 Roberts 算法、Sobel 算法、Prewitt 算法、Laplacian 算法、LOG 算法、Canny 算法等。Roberts 算法、Sobel 算法、Prewitt 算法属于一阶边缘检测算法，Laplacian 算法、LOG 算法、Canny 算法属于二阶边缘检测算法。经典的边缘检测算法均属于整数阶边缘检测算法。

3.1.1　一阶微分的边缘检测算法

边缘检测的实质是采用某种算法来提取出图像中对象与背景间的交界线。边缘即图像中灰度发生急剧变化的区域边界。图像灰度分布的梯度能反映图像灰度的变化情况，因此可以用局部图像微分技术来获得边缘检测算子。

经典的边界提取技术大都基于微分运算。先通过平滑来滤除图像中的噪声，然后进行一阶微分或二阶微分运算，求得梯度最大值或二阶导数的过零点，最后选取适当的阈值来提取边界。在一维情况下，阶跃边缘同图像的一阶导数局部峰值有关。梯度是函数变化的一种度量，而一幅图像可以看作是图像强度连续函数的取样点阵列。因此，同一维情况类似，图像灰度值的显著变化可用梯度的离散逼近函数来检测。梯度是一阶导数的二维等效式，定义为向量：

$$G(x,y) = \begin{bmatrix} G_x \\ G_y \end{bmatrix} = \begin{bmatrix} \dfrac{\partial f}{\partial x} \\ \dfrac{\partial f}{\partial y} \end{bmatrix} \tag{3-1}$$

有两个重要的性质与梯度有关：向量 $G(x,y)$ 的方向就是函数 $f(x, y)$ 增大时的最大变化率方向；梯度的幅值由下式给出：

$$|G(x,y)| = \sqrt{G_x^2 + G_y^2} \qquad 2\text{ 范数梯度} \tag{3-2}$$

在实际应用中，通常用绝对值来近似梯度幅值：

$$|G(x,y)| = |G_x| + |G_y| \qquad 1\text{ 范数梯度} \tag{3-3}$$

或

$$|G(x,y)| \approx \max(|G_x|, |G_y|) \qquad \infty\text{ 范数梯度} \tag{3-4}$$

由向量分析可知，梯度的方向定义为：

$$a(x,y) = \arctan(\frac{G_y}{G_x}) \tag{3-5}$$

式中，a 角是相对 x 轴的角度。

注意：梯度的幅值实际上与边缘的方向无关，这样的算子称为各向同性算子 (isotropicooPerators)。

1. Roberts 算法

1) 算法

由 Roberts 提出的算子是一种利用局部差分算子寻找边缘的算子，它在 2×2 邻域上计算对角导数：

$$G[i,j] = \sqrt{\left(f[i,j] - f[i+1, j+1]\right)^2 + \left(f[i+1,j] - f[i, j+1]\right)^2} \tag{3-6}$$

式中，$G[i,j]$ 又称为 Roberts 交叉算子。在实际应用中，为简化运算，用梯度函数的 Roberts 绝对值来近似：

$$G[i,j] = |f[i,j] - f[i+1, j+1]| + |f[i+1,j] - f[i, j+1]| \tag{3-7}$$

用卷积模板，上式变为：

$$G[i,j] = |G_x| + |G_y| \tag{3-8}$$

式中，G_x 和 G_y 由图 3.1 的模板计算。

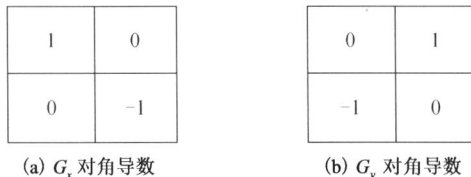

1	0
0	-1

0	1
-1	0

(a) G_x 对角导数　　　　　　(b) G_y 对角导数

图 3.1　Roberts 边缘检测算子

差分值将在内插点处计算。Roberts 算子是该点连续梯度的近似值，而不是所预期点处的近似值。由上面两个卷积算子对图像运算后，代入式(3-8)，可求得图像的梯度幅度值 $G[i,j]$，然后选取适当的门限 TH，作如下判断：$G[i,j] > TH$, $[i,j]$，为阶跃状边缘点 $\{G[i,j]\}$ 为一个二值图像，也就是图像的边缘。

Roberts 算子具有边缘定位准和对噪声敏感、抗噪力差的优缺点，所以 Roberts 算子适合用于具有陡峭的低噪声图像。

2）算法仿真

```
clc
clear all
close all
A = imread('花朵.tif');              % 读入图像
imshow(A);title('原图');
x_mask = [1 0;0 -1];                % 建立 x 方向的模板
y_mask = rot90(x_mask);             % 建立 y 方向的模板
I = im2double(A);                   % 将图像数据转化为双精度
dx = imfilter(I, x_mask);           % 计算 x 方向的梯度分量
dy = imfilter(I, y_mask);           % 计算 y 方向的梯度分量
grad = sqrt(dx.*dx + dy.*dy);       % 计算梯度
grad = mat2gray(grad);              % 将梯度矩阵转换为灰度图像
level = graythresh(grad);           % 计算灰度阈值
BW = im2bw(grad,level);             % 用阈值分割梯度图像
figure, imshow(BW);                 % 显示分割后的图像即边缘图像
title('Roberts')
```

Roberts 算子运行结果如图 3.2 所示。

(a) 原图   (b) Roberts

图 3.2　Roberts 算子运行结果图

2. Sobel 算子

1）算法

Roberts 算子的一个主要问题是计算方向差分时对噪声敏感。Sobel 提出一种将方向差分运算与局部平均相结合的方法，即 Sobel 算子，该算子是以 $f(x,y)$ 为中心的 3×3 邻域上计算 x 和 y 方向的偏导数，即

$$
\left.
\begin{aligned}
s_x &= \{f(x+1.y-1) + 2f(x+1,y) + f(x+1,y+1)\} - \\
&\quad \{f(x-1,y-1) + 2f(x-1,y+1) + f(x-1,y+1)\} \\
s_y &= \{f(x-1,y+1) + 2f(x,y+1) + f(x+1,y+1)\} - \\
&\quad \{f(x-1,y-1) + 2f(x,y-1) + f(x+1,y-1)\}
\end{aligned}
\right\}
\tag{3-9}
$$

实际上，上式应用了 $f(x,y)$ 邻域图像强度的加权平均值。其梯度大小为：

$$
g(x,y) = \sqrt{(s_x^{\,2} + s_y^{\,2})}
\tag{3-10}
$$

或绝对值：

$$
g(x,y) = |s_x| + |s_y|
\tag{3-11}
$$

它的卷积算子为：

$$\begin{bmatrix} -1 & 0 & 1 \\ -2 & 0 & 2 \\ -1 & 0 & 1 \end{bmatrix} \qquad \begin{bmatrix} -1 & -2 & -1 \\ 0 & 0 & 0 \\ 1 & 2 & 1 \end{bmatrix}$$

由上面两个卷积算子对图像运算后，代入式（3-11）。可求得图像的梯度值 $g(x,y)$，然后适当选取门限 TH，作如下判断：$g(x,y) > TH, (i,j)$ 为阶跃边缘点，$\{g(i,j)\}$ 为一个二值图像，也就是图像的边缘图像。

模板卷积计算就是下式求乘积和的过程：

$$f_i(j,k) = \sum_{m-1}^{1} \sum_{n-1}^{1} F(j+m, k+n) M_{m,n}^i \tag{3-12}$$

式中，$i=1,2$ 分别代表垂直和水平模板。$f_i(j,k)$ 为模板卷积法边缘检测的输出，$l=[L/2]$，L 为窗口宽度，对 3×3 窗口，$l=1$。将两个卷积结果的最大值，赋给图像中对应模板中心位置的像素，作为该像素的新灰度值，即：

$$f_{max} = \max(f_i(j,k)) \qquad i = 1,2 \tag{3-13}$$

Sobel 算子很容易在空间实现，Sobel 边缘检测器不但产生较好的边缘检测效果，同时，因为 Sobel 算子引入了局部平均，使其受噪声的影响也比较小。当使用大的邻域时，抗噪声特性会更好，但这样做会增加计算量，并且得到的边缘也较粗。

Sobel 算子利用像素上下、左右相邻点的灰度加权算法，根据在边缘点处达到极值这一现象进行边缘的检测。因此 Sobel 算子对噪声具有平滑作用，提供较为精确的边缘方向信息，但是这是由于局部平均的影响，它同时也会检测出许多伪边缘，且边缘定位精度不够高。当对精度要求不是很高时，是一种较常用的边缘检测方法。

Sobel 算子对灰度渐变和噪声较多的图像处理得较好。

2）算法仿真

```
clc
clear all
close all
A = imread('c:\Users\lenovo\Desktop\中国结.tif');  % 读入图像
imshow(A);title('原图');
y_mask = [-1 -2 -1;0 0 0;1 2 1];  % 建立 y 方向的模板
x_mask = y_mask';  % 建立 x 方向的模板
I = im2double(A);  % 将图像数据转化为双精度
dx = imfilter(I, x_mask);  % 计算 x 方向的梯度分量
dy = imfilter(I, y_mask);  % 计算 y 方向的梯度分量
grad = sqrt(dx.*dx + dy.*dy);  % 计算梯度
grad = mat2gray(grad);  % 将梯度矩阵转换为灰度图像
level = graythresh(grad);  % 计算灰度阈值
BW = im2bw(grad,level);  % 用阈值分割梯度图像
figure, imshow(BW);  % 显示分割后的图像即边缘图像
title('Sobel')
```

Sobel 算法运行结果如图 3.3 所示。

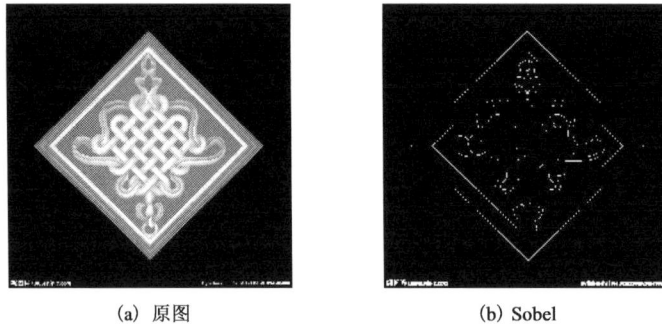

(a) 原图　　　　　　　　(b) Sobel

图 3.3　Sobel 算法运行结果

3. Prewitt 算法

1）算法

Prewitt 边缘算子的卷积核分别为：

$$G_x = \begin{bmatrix} -1 & 0 & 1 \\ -1 & 0 & 1 \\ -1 & 0 & 1 \end{bmatrix} \text{和} G_y = \begin{bmatrix} 1 & 1 & 1 \\ 0 & 0 & 1 \\ -1 & -1 & -1 \end{bmatrix} \tag{3-14}$$

图像中的每个像素都用这两个核做卷积。和 Sobel 算子一样，采用 ∞ 范数作为输出，即取最大值作为输出。

Prewitt 算子在一个方向求微分，而在另一个方向求平均，因而对噪声相对不敏感，有抑制噪声作用。它对灰度渐变和噪声较多的图像也处理得较好。

2）算法仿真

```
clc
clear all
close all
A = imread('老虎.tif');              % 读入图像
imshow(A);title('原图');
y_mask = [-1 -1 -1;0 0 0;1 1 1];     % 建立 y 方向的模板
x_mask =' y_mask';                   % 建立 x 方向的模板
I = im2double(A);                    % 将图像数据转化为双精度
dx = imfilter(I, x_mask);            % 计算 x 方向的梯度分量
dy = imfilter(I, y_mask);            % 计算 y 方向的梯度分量
grad = sqrt(dx.*dx + dy.*dy);        % 计算梯度
grad = mat2gray(grad);               % 将梯度矩阵转换为灰度图像
level = graythresh(grad);            % 计算灰度阈值
BW = im2bw(grad,level);              % 用阈值分割梯度图像
figure, imshow(BW);                  % 显示分割后的图像即边缘图像
title('Prewitt')
```

Prewitt 算法仿真运行结果如图 3.4 所示。

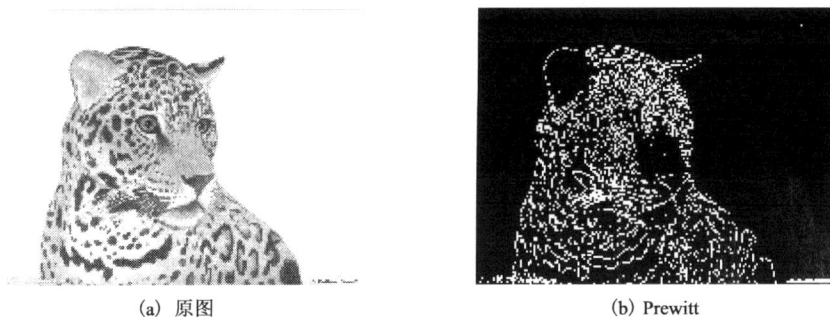

(a) 原图　　　　　　　　　　　　　　(b) Prewitt

图 3.4　Prewitt 算法仿真运行结果

3.1.2　基于二阶微分的边缘检测方法

一阶微分组成的梯度是一种矢量，不但有大小还有方向，和标量比较，数据存储量比较大。Laplacian 算子是对二维函数进行运算的二阶导数算子，与方向无关，对取向不敏感，因而计算量要小。根据边缘的特性，Laplacian 算子可以作为边缘提取算子，计算数字图像的 Laplacian 值可以借助模板实现，但是它对噪声相当敏感，它相当于高通滤波，常会出现一些虚假边缘。因此，Marr 提出首先对图像用 Gauss 函数进行平滑，然后利用 Laplacian 算子对平滑的图像求二阶导数后得到的零交叉点作为候选边缘，这就是 LOG 算子。LOG 算子就是对图像进行滤波和微分的过程，是利用旋转对称的 LOG 模板与图像做卷积，确定滤波器输出的零交叉位置。

1. Laplacian 算法

1) 算法

拉普拉斯算子一种二阶导数的边缘检测算子，是一个线性的、移不变算子。是二阶导数的二维等效式。 函数 $f(x,y)$ 的拉普拉斯算子公式为：

$$\nabla^2 f = \frac{\partial^2 f}{\partial x^2} + \frac{\partial^2 f}{\partial y^2} \tag{3-15}$$

使用差分方程对 x 或 y 方向上的二阶偏导数近似如下：

$$
\begin{aligned}
\frac{\partial^2 f}{\partial x^2} &= \frac{\partial G_x}{\partial_x} \\
&= \frac{\partial(f[i,j+i] - f[i,j])}{\partial x} \\
&= \frac{\partial(f[i,j+i])}{\partial x} - \frac{\partial(f[i,j])}{\partial x} \\
&= (f[i,j+2] - 2f[i,j+1] + f[i,j])
\end{aligned}
\tag{3-16}
$$

这一近似式是以点 $f[i,j+1]$ 为中心的，用 $j-1$ 替换 j 得到

$$\frac{\partial^2 f}{\partial x^2} = (f[i,j+1] - 2f[i,j] + f[i,j-1]) \tag{3-17}$$

它是以点 $[i,j]$ 为中心的二阶偏导数的理想近似式，同理有：

$$\frac{\partial^2 f}{\partial x^2} = (f[i+1,j] - 2f[i,j] + f[i-1,j]) \tag{3-18}$$

把式(3-17)和式(3-18)合并为一个算子,就成为式(3-19)能用来表示近似拉普拉斯算子的模板:

$$\nabla^2 \approx \begin{bmatrix} 0 & 1 & 0 \\ 1 & -4 & 1 \\ 0 & 1 & 0 \end{bmatrix} \tag{3-19}$$

有时候希望邻域中心点具有更大的权值,比如下面式(3-20)的模板就是一种基于这种思想的近似拉普拉斯算子:

$$\nabla^2 \approx \begin{bmatrix} 1 & 4 & 1 \\ 4 & 20 & 4 \\ 1 & 4 & 1 \end{bmatrix} \tag{3-20}$$

当拉普拉斯算子输出出现过零点时就表明有边缘存在,其中忽略无意义的过零点(均匀零区)。原则上,过零点的位置精度可以通过线性内插方法精确到子像素分辨率,不过由于噪声,以及由噪声引起的边缘两端的不对称性,结果可能不会很精确。

由于 Laplacian 算子是二阶导数,因此它对于噪声有极高的敏感性,对于双边带不易检测出边缘的方向,对图像中的某些边缘产生双重响应。所以图像一般先经过平滑处理,把 Laplacian 算子和平滑算子结合起来生成一个新的模板。

2) 算法仿真

```
clc
clear all
close all
A = imread('飞龙.tif');   % 读入图像
imshow(A);title('原图');
mask=[0,-1,0;-1,4,-1;0,-1,0];   % 建立模板
I = im2double(A);   % 将数据图像转化为双精度
dx = imfilter(I, mask);   % 计算梯度矩阵
grad = mat2gray(dx);   % 将梯度矩阵转化为灰度图像
BW = im2bw(grad,0.58);   % 用阈值分割梯度图像
figure, imshow(BW);   % 显示分割后的图像,即梯度图像
title('Laplacian')
```

Laplacian 算法仿真运行结果如图 3.5 所示。

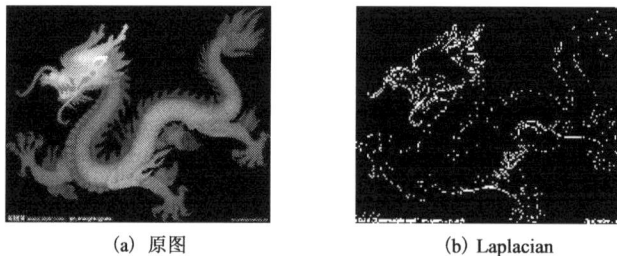

(a) 原图   (b) Laplacian

图 3.5 Laplacian 算法仿真运行结果

2. Log 算法

正如上面所提到的,利用图像强度二阶导数的零交叉点来求边缘点的算法对噪声十分敏感。所以,希望在边缘增强前滤除噪声。为此,Marr 和 Hildreth 将高斯滤波和 Laplacian

边缘检测结合在一起，形成 LOG（Laplacian of Gaussian，LOG）算法，也有人称之为拉普拉斯高斯算法。

LOG 边缘检测器的基本特征是：①平滑滤波器是高斯滤波器；②增强步骤采用二阶导数（二维 Laplacian 函数）；③边缘检测判据是二阶导数零交叉点并对应一阶导数的较大峰值。

这种方法的特点是图像首先与高斯滤波器进行卷积，这一步既平滑了图像又降低了噪声，孤立的噪声点和较小的结构组织将被滤除。由于平滑会导致边缘的延展，因此边缘检测器只考虑那些具有局部梯度最大值的点为边缘点，这一点可以用二阶导数的零交叉点来实现。Laplace 函数用作二维二阶导数的近似，是因为它是一种无方向算子。为了避免检测出非显著边缘，应选择一阶导数大于某一闭值的零交叉点作为边缘点。

LOG 运算如下：

（1）滤波：用高斯滤波函数 $G(x,y)$ 对图像 $f(x,y)$ 进行平滑滤波。高斯函数 $G(x,y)$ 是一个圆对称函数，其平滑的作用是可通过 σ 来控制的。$G(x,y)$ 表示如下：

$$G(x,y) = \frac{1}{2\pi\sigma^2}\exp\left(-\frac{1}{2\pi\sigma^2}(x^2+y^2)\right) \tag{3-21}$$

平滑的图像 $g(x,y)$ 是由图像 $G(x,y)$ 与 $f(x,y)$ 进行卷积而得到，即：

$$g(x,y) = f(x,y)*G(x,y) \tag{3-22}$$

（2）增强：对平滑图像 $g(x,y)$ 进行拉普拉斯运算，即：

$$h(x,y) = \nabla^2\left(\ f(x,y)*G(x,y)\ \right) \tag{3-23}$$

（3）检测：边缘检测判据是二阶导数的零交叉点（即 $h(x,y)=0$ 的点）并对应一阶导数的较大峰。对平滑图像 $G(x,y)$ 进行拉普拉斯运算可等效为 $G(x,y)$ 的拉普拉斯运算与 $f(x,y)$ 的卷积，故上式变为：

$$h(x,y) = f(x,y)*\nabla^2 G(x,y) \tag{3-24}$$

此方法优点是将图像与高斯滤波器进行卷积，既平滑了图像又降低了噪声的同时孤立的噪声点和较小的结构组织将被滤除。而不可避免的是由于平滑会造成图像边缘的延伸，从而边缘点只能是那些具有局部梯度最大值的点。这一点可以用二阶导数的零交叉点来实现。拉普拉斯函数用二维二阶导数的近似，是因为它是一种无方向算子。为了避免检测出非显著边缘，在实际应用中边缘点应选择一阶导数大于某一阈值的零交叉点。

上式中 $\nabla^2 G(x,y)$ 称为 LOG 滤波器，其为：

$$\nabla^2 G(x,y) = \frac{\partial^2 G}{\partial x^2} + \frac{\partial^2 G}{\partial y^2} = \frac{1}{\pi\sigma^4}\left(\frac{x^2+y^2}{2\sigma^2}-1\right)\exp\left(-\frac{1}{2\sigma^2}(x^2+y^2)\right) \tag{3-25}$$

这样就有两种等效的方法求图像边缘：

（1）图像与高斯滤波函数卷积，再求卷积的拉普拉斯微分。

（2）先求高斯滤波器的拉普拉斯变换，进而图像的卷积，最后过零判断。

方法一需要高斯平滑滤波器，直接实现 LOG 算法的典型模板。

$$\begin{pmatrix} 0 & 0 & -1 & 0 & 0 \\ 0 & -1 & -2 & -1 & 0 \\ -1 & -2 & 16 & -2 & -1 \\ 0 & -1 & -2 & -1 & 0 \\ 0 & 0 & -1 & 0 & 0 \end{pmatrix}$$

高斯-拉普拉斯算子把高斯平滑滤波器和拉普拉斯锐化滤波器结合起来，先平滑掉噪声，再进行边缘检测，所以效果更好。

LOG 算子虽然能够有效地检测图像的边缘，但存在两个问题：一是 LOG 算子其会产生虚假边界，二是定位精度不高。为了能够得到最佳的检测效果，在实际应用中要充分考虑 σ 的选取、模板尺度 N 的确定、边缘强度和方向、提取边界的精度。其中 σ 的大小很对于 LOG 算子来说非常重要，σ 具有控制平滑的作用。σ 值大，高斯平滑模板大，抑制较高频率的噪声，避免了假边缘点的检出问题，有较强平滑噪声的能力，边缘定位精度不高；反之 σ 值小，边缘定位较精准，但噪声的滤波能力较弱，信噪比不理想，因此小的滤波器可以用来聚焦良好的图像细，大的滤波器可以用来检测图像的模糊边缘。应用 LOG 算子为取得更佳效果，对于不同的图像选择不同的参数。

算法仿真如下：

```
clc
clear all
close all
A = imread('蝴蝶.tif');  % 读入图像
imshow(A);title('原图');
mask=[0,0,-1,0,0;0,-1,-2,-1,0;-1,-2,16,-2,-1;0,-1,-2,-1,0;0,0,-1,0,0];
% 建立模板
I = im2double(A);  % 将数据图像转化为双精度
dx = imfilter(I, mask);  % 计算梯度矩阵
grad = mat2gray(dx);    % 将梯度矩阵转化为灰度图像
BW = im2bw(grad,0.58);    % 用阈值分割梯度图像
figure, imshow(BW);      % 显示分割后的图像，即梯度图像
title('log')
```

LOG 算法运行结果如图 3.6 所示。

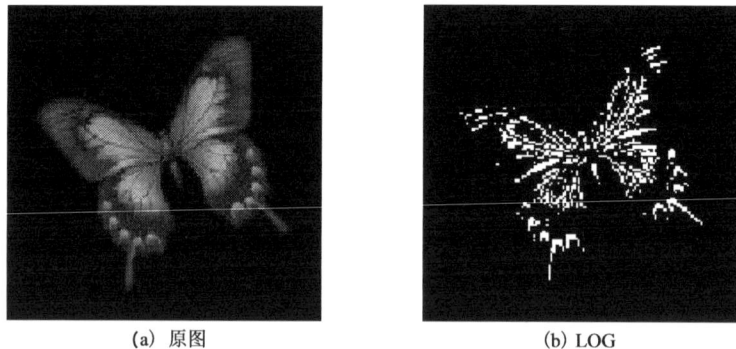

(a) 原图　　　　　　　　　　　(b) LOG

图 3.6　LOG 算法运行结果

3. Canny 算法

在图像中找出具有局部最大梯度幅值的像素点是检测阶跃边缘的基本思想。

Canny 算法的梯度是用高斯滤波器的导数计算的，检测边缘的方法是寻找图像梯度的局部极大值。Canny 使用两个阀值来分别检测强边缘和弱边缘，而且仅当弱边缘与强边缘相连时，弱边缘才会包含在输出中。因此该方法不容易受到噪声的干扰，能够检测到弱边缘，但 Canny 算子检测的边界连续性不如 LOG 算法。检测阶跃边缘的大部分工作集中在寻找能够用于实际图像的梯度数字逼近。由于实际图像经过了摄像机光学系统和电路系统

（带宽限制）固有的低通滤波器的平滑，因此，图像中的阶跃边缘不是十分陡立。图像也受到摄像机噪声和场景中不希望的细节干扰。图像梯度逼近必须满足两个要求：①逼近必须能够抑制噪声效应；②必须尽量精确地确定边缘的位置。抑制噪声和边缘精确定位是无法同时得到满足的。也就是说，边缘检测算法通过图像平滑算子去除了噪声，但却增加了边缘定位的不确定性；反过来，若提高边缘检测算子对边缘的敏感性，则同时也提高了对噪声的敏感性。有一种线性算子可以在抗噪声干扰和精确定位之间提供最佳折衷方案，它就是高斯函数的一阶导数。

Canny 首次将上述判据用数学形式表示出来，然后采用最优化数值方法，得到最佳边缘检测模板。对于二维图像，需要使用若干方向的模板分别对图像进行卷积处理，再取最可能的边缘方向。

1）算法步骤

Canny 算法进行边缘检测的步骤包括：

（1）用高斯滤波器平滑图像。

（2）用一阶偏导数的有限差分来计算梯度的幅值和方向。

（3）对梯度幅值进行非极大值抑制。

（4）用双阈值算法检测和边缘连接。

在一维空间，Canny 推导的算子与 $\nabla^2 h$ 算子几乎一样。但在二维空间，Canny 算子的方向性质使得它的边缘检测和定位优于 $\nabla^2 h$，具有更好的边缘强度估计，能产生梯度方向和强度两个信息。

对阶跃边缘，Canny 推导出的最优二维算子形状与 Gaussian 函数的一阶导数相近。设二维高斯函数为：

$$G(x,y) = \frac{1}{2\pi\sigma}\exp\left(-\frac{x^2+y^2}{2\sigma}\right) \tag{3-26}$$

它在某一方向 n 上，$G(x,y)$ 的一阶方向导数为：

$$G(x,y)_n = \partial G(x,y)/\partial n = n \cdot \nabla G(x,y) \tag{3-27}$$

式中，n 为方向矢量，$\nabla G(x,y)$ 为梯度分量：

$$n = \begin{bmatrix} \cos\theta \\ \sin\theta \end{bmatrix}, \quad \nabla G(x,y) = \begin{bmatrix} \partial G(x,y)/\partial x \\ \partial G(x,y)/\partial y \end{bmatrix} \tag{3-28}$$

将图像 $f(x,y)$ 与 G_n 卷积，同时改变 n 的方向，使 $f(x,y)*G_n$ 取得最大值的方向就是梯度方向（正交于边缘方向），通过推导，n 取最大值的方向为：

$$n = \frac{\nabla G * f(x,y)}{|\nabla G * f(x,y)|} \tag{3-29}$$

在该方向上 $G*f(x,y)$ 有最大输出响应：

$$|G_n * I| = \left\{\cos\theta\left(\frac{\partial G}{\partial x}*f(x,y)\right) + \sin\theta\left(\frac{\partial G}{\partial y}*f(x,y)\right)\right\} = |\nabla G * f(x,y)| \tag{3-30}$$

中心边缘点位算子 G_n 与图像 $f(x,y)$ 的卷积在边缘梯度方向上的区域中的最大值，这就可以在每一点的梯度方向上判断该点强度是否为其邻域的最大值来确定该点是否边缘点。

当一个像素满足下列三个条件时，则该点被认为是图像的边缘点。

（1）该点的边缘强度大于沿该点梯度方向的两个相邻像素点的边缘强度。

（2）与该点梯度方向上相邻两点的方向差小于 45°。

（3）以该点为中心3×3的邻域中的边缘强度极大值小于某个阈值。

标准的 Canny 边缘检测器的处理步骤如下：

步骤1：平滑图像和选择合适的算法，平滑图像和选择合适的 Gaussian 过滤器，以减少图像的细节；

步骤2：检测每个像素的梯度级和梯度方向；

步骤3：如果梯度级像素在梯度方向上大于这些点的 2 邻域点，则标识为边缘像素，否则标示为背景像素；

步骤4：选择阈值消除模糊的边界。

Canny 边缘检测是被认为比较好的边缘检测方法，它主要是寻找图像梯度的局部极大值.梯度用高斯滤波器的导数来计算，使用两个阈值分别检测强边缘和弱边缘，而且仅当弱边缘和强边缘相连时，弱边缘才会包含在输出中。这种方法不易受噪声的干扰，能够检测到真正的弱边缘，在噪声抑制和边缘检测之间取得很好的平衡效果。这种算法可以减少模板检测中的边缘中断，有利于得到较完整的边缘，因此得到了越来越广泛的应用。

2）算法仿真如下：

```
clc
clear all
close all
I = imread('c:\Users\lenovo\Desktop\花瓶.jpg');% 读入图像
imshow(I);title('原图')
BW1 = edge(I,'canny');   % 调用 Canny 函数
figure,imshow(BW1);% 显示分割后的图像，即梯度图像
title('Canny')
```

Canny 算法仿真结果如图 3.7 所示。

(a) 原图   (b) Canny

图 3.7　Canny 算法仿真结果

3.2　边缘检测改进算法——三阶差分边缘检测算法

3.2.1　三阶差分滤波器模板系数的推导

根据偏微分理论在图像处理中的应用原理，在离散格式下图像微分可用差分近似实现，

如公式(3-31)所示：

$$\partial^3 f(x,y) \approx \Delta^3 f(x,y) \tag{3-31}$$

由于对二维离散图像进行差分运算式时，要确定运算方向，因此令 $\Delta_{k\alpha} f(x,y)$ 为图像 $f(x,y)$ 在 $k\alpha$ 方向的一阶差分；其中 $\alpha = 45°$，$k = 0,1,2,3$；则 $\Delta^3_{k\alpha} f(x,y)$ 为图像 $f(x,y)$ 在 $k\alpha$ 方向的三阶差分。

1. 水平方向滤波器模板系数的推导

当 $k=0$ 时，$\Delta_{k\alpha} f(x,y) = \Delta_{0°} f(x,y)$，表示对图像进行水平方向的一阶差分运算，则图像水平方向的三阶差分运算推导过程如式(3-32)所示：

$$
\begin{aligned}
\Delta^3_{0°} f(x,y) &= \Delta^2_{0°} [f(x+1,y) - f(x,y)] \\
&= \Delta_{0°} [f(x+1,y) + f(x-1,y) - 2f(x,y)] \\
&= f(x+1,y) - 3f(x,y) + 3f(x-1,y) - f(x-2,y)
\end{aligned} \tag{3-32}
$$

由以上推导，得到滤波器模板的水平方向系数：

$$w(1,0) = 1 \quad w(0,0) = -3 \quad w(-1,0) = 3 \quad w(-2,0) = -1$$

2. 45° 对角方向滤波器模板系数的推导

当 $k=1$ 时，$\Delta_{k\alpha} f(x,y) = \Delta_{45°} f(x,y)$，表示图像 45° 对角方向的一阶差分运算，则图像 45° 对角方向的三阶差分运算推导过程如式(3-33)所示：

$$
\begin{aligned}
\Delta^3_{45°} f(x,y) &= \Delta^2_{45°} [f(x+1,y+1) - f(x,y)] \\
&= \Delta_{45°} [f(x+1,y+1) + f(x-1,y-1) - 2f(x,y)] \\
&= f(x+1,y+1) - 3f(x,y) + 3f(x-1,y-1) - f(x-2,y-2)
\end{aligned} \tag{3-33}
$$

得到 45° 对角方向滤波器模板系数：

$$w(1,1) = 1 \quad w(0,0) = -3 \quad w(-1,-1) = 3 \quad w(-2,-2) = -1$$

3. 垂直方向滤波器模板系数的推导

当 $k=2$ 时，$\Delta_{k\alpha} f(x,y) = \Delta_{90°} f(x,y)$，表示图像垂直方向的一阶差分运算，则图像垂直方向的三阶差分运算推导过程如式(3-34)所示：

$$
\begin{aligned}
\Delta^3_{90°} f(x,y) &= \Delta^2_{90°} [f(y+1,x) - f(x,y)] \\
&= \Delta_{90°} [f(x,y+1) + f(x,y-1) - 2f(x,y)] \\
&= f(x,y+1) - 3f(x,y) + 3f(x,y-1) - f(x,y-2)
\end{aligned} \tag{3-34}
$$

得到垂直方向滤波器模板系数：

$$w(0,1) = 1 \quad w(0,0) = -3, \quad w(0,-1) = 3 \quad w(0,-2) = -1$$

4. 135° 对角方向滤波器模板系数的推导

当 $k=3$ 时，$\Delta_{k\alpha} f(x,y) = \Delta_{135°} f(x,y)$，表示图像 135° 对角方向的一阶差分运算，则图像 135° 对角方向三阶差分运算推导过程如式(3-35)所示：

$$
\begin{aligned}
\Delta^3_{135°} f(x,y) &= \Delta^2_{135°} [f(x-2,y+1) - f(x-1,y)] \\
&= \Delta_{135°} [f(x-2,y+1) - 2f(x-1,y) + f(x,y-1)] \\
&= f(x-2,y+1) - 3f(x-1,y) + 3f(x,y-1) - f(x+1,y-2)
\end{aligned} \tag{3-35}
$$

得到 135°对角方向滤波器模板系数为：

$$w(-2,1)=1 \quad w(-1,0)=-3 \quad w(0,-1)=3 \quad w(1,-2)=-1$$

5. 四方向滤波器模板系数的推导

图像 $f(x,y)$ 的水平、垂直、45°对角、135°对角四个方向的三阶差分推导过程如式(3-36)所示：

$$
\begin{aligned}
\Delta^3 f(x,y) &= \sum_{k=0}^{3} \Delta^3_{k\alpha} f(x,y) \\
&= \Delta^3_{0°} f(x,y) + \Delta^3_{45°} f(x,y) + \Delta^3_{90°} f(x,y) + \Delta^3_{135°} f(x,y) \\
&= f(x+1,y) - 9f(x,y) - f(x-2,y) + f(x,y+1) + 6f(x,y-1) - f(x,y-2) \\
&= f(x+1,y+1) + 3f(x-1,y-1) - f(x-2,y-2) + f(x-2,y+1) - f(x+1,y-2)
\end{aligned}
$$

$$(3\text{-}36)$$

得到四方向滤波器模板系数为：

$w(-2,1)=1$	$w(-1,1)=0$	$w(0,1)=1$	$w(1,1)=1$
$w(-2,0)=-1$	$w(-1,0)=0$	$w(0,0)=-9$	$w(1,0)=1$
$w(-2,-1)=0$	$w(-1,-1)=3$	$w(0,-1)=6$	$w(1,-1)=0$
$w(-2,-2)=-1$	$w(-1,-2)=0$	$w(0,-2)=-1$	$w(1,-2)=-1$

3.2.2　三阶差分滤波器模板的构造

根据 3.2.1 节推导出的滤波器模板系数，构造三阶差分滤波器模板：水平方向滤波器模板如图 3.8(a)所示；45°对角方向滤波器模板如图 3.8(b)所示；垂直方向滤波器模板如图 3.8(c)所示；135°对角方向滤波器模板如图 3.8(d)所示；四方向滤波器模板如图 3.8(e)所示：

0	0	0	0
-1	3	-3	1
0	0	0	0
0	0	0	0

(a) 三阶水平方向模板

0	0	0	1
0	0	-3	0
0	3	0	0
-1	0	0	0

(b) 三阶 45°对角方向模板

0	0	1	0
0	0	-3	0
0	0	3	0
0	0	-1	0

(c) 三阶垂直方向模板

1	0	0	0
0	-3	0	0
0	0	3	0
0	0	0	-1

(d) 三阶 135°对角方向模板

1	0	1	1
-1	0	-9	1
0	3	6	0
-1	0	-1	-1

(e) 三阶四方向滤波器模板

图 3.8　三阶差分滤波器模板

3.2.3 三阶差分的图像边缘检测运算

根据空间滤波器的图像处理原理，待处理的图像像素点 $f(x,y)$ 位于模板的正中心 $w(0,0)$ ，将设计的三阶四方向模板遍历整个图像后，可以得到边缘图像 $\overline{f}(x,y)$ ，如式(3-37)所示：

$$\overline{f}(x,y) = \sum_{k=0}^{3} \sum_{s=-a}^{a} \sum_{t=-b}^{b} w_{k\alpha}(s,t)f(x,y) \tag{3-37}$$

式中，$w_{k\alpha}(s,t)$ 表示 $k\alpha$ 方向滤波器模板。

3.2.4 算法验证及分析

1. 程序

```
X=imread('cameraman.tif');
%I=rgb2gray(X);
I =im2double(X);
 figure(1)
imshow(I)
axis square
m=fspecial('sobel')
I1=filter2(m,I)
figure(2)
imshow(I1)
axis square
m=fspecial('prewitt')
I2=filter2(m,I)
figure(3)
imshow(I2)
axis square
h0=[1,1,1;1,-8,1;1,1,1]
I3=filter2(h0,I)%erjiesanfangxiang
figure(4)
imshow(I3)
axis square
h2=[1 0 1 1;-1 0 -9 1;0 3 6 0;-1 0 -1 -1];
%h2=[-1 0 1 1;-1-1 6 -9 1;0 3 0 0 ;-1 0 0 1] %sifangxiang
I4=filter2(h2,I);
figure(5)
imshow(I4);
axis square
```

2. 效果图

对 cameraman.tif 图像采用一阶 sobel、prewitt、及二阶 laplacion 算法实现边缘检测的实验结果如图 3.9(b)、(c)、(d)所示，本文三阶差分算法的边缘检测的实验结果如图 3.9(e)所示。从主观上可以看出，图 3.9(e)比图 3.9(b)、(c)、(d)得到的纹理细节信息更丰富，且亮度更高，表明三阶差分算法比一阶、二阶差分算法的边缘检测效果好；图 3.9(d) 比图 3.9(b)、(c) 得到的细节信息更丰富，亮度更高，表明二阶差分算法比一阶差分算法边缘检测效果好。

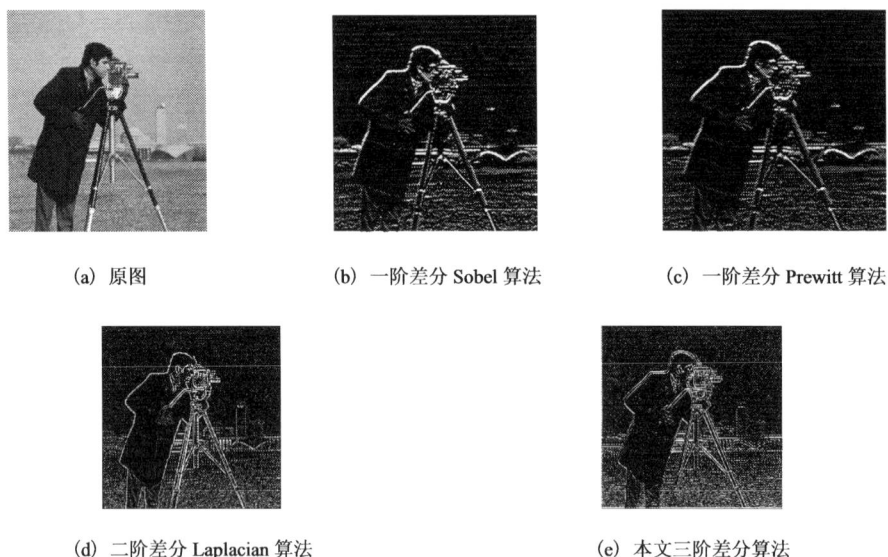

(a) 原图   (b) 一阶差分 Sobel 算法   (c) 一阶差分 Prewitt 算法

(d) 二阶差分 Laplacian 算法   (e) 本文三阶差分算法

图 3.9　cameraman.tif 图像的边缘提取、增强效果比较

3.3　边缘检测算法比较

图像边缘检测一直是图像处理学研究的热点，在图像分割、模式识别、机器视觉、图像检索等领域中都有着重要的应用。边缘检测对于图像理解、图像分析和图像识别来说，是一个基础性的课题。它是图像分割、视觉匹配等的基础，因此成为图像分析和识别领域中一个令人十分关注的课题。

随着近些年研究的深入和应用的需要，产生了许多边缘检测的新理论和新方法。但是由于客观世界的复杂性导致在某些具体情况下很难检测出目标完整的边缘。本章针对图像边缘检测方法的一些基本要求，对现有的一些边缘检测算法进行了分析和研究，提出了三阶差分边缘检测算法，实验结果表明三阶差分边缘检测算法优于一阶、二阶边缘检测算法。

总结如下：

Roberts 算法：采用对角线方向相邻两像素之差表示信号的突变，检测水平和垂直方向边缘的性能好于斜线方向，定位精度比较高，但对噪声敏感，检测出的边缘较细。

Sobel 算子：产生的边缘效果较好，对噪声具有平滑作用。但存在伪边缘，边缘比较粗且定位精度低

Prewitt 算法：对噪声有平滑作用，检测出的边缘比较粗，定位精度低，容易损失角点。

Laplacian 算法：是二阶微分算法，对图像中的阶跃性边缘点定位准确，对噪声非常敏感，丢失一部分边缘的方向信息，造成一些不连续的检测边缘。

LOG 算法：首先用高斯函数进行滤波，然后使用 Laplacian 算子检测边缘，克服了

Laplacian 算子抗噪声能力比较差的缺点。

Canny 算法：采用高斯函数对图像进行平滑处理，因此具有较强的噪声抑制能力；同样该算子也将一些高频边缘平滑掉，造成边缘丢失，采用了双阈值算法检测和连接边缘，边缘的连续性较好。

本章提出的三阶差分算法可以有效提取图像边缘，且提取的边缘信息比一阶、二阶边缘检测算法提取的边缘信息多，边缘图像更清晰。

第4章　数字图像分割算法

图像分割是按一定的制约规则把图像划分为若干个互不相交、具有特定性质的区域，是把我们关注的区域从分割的图像中提取出来，以此为对象进行更深的研究分析和处理的技术。它大大减少了在以后的图像分析和识别等过程中处理的数据量，同时又保留了有关图像结构特征的信息。通过对分割结果的描述，能够理解图像中包含的有关信息。图像分割质量直接影响后续图像处理的效果，甚至决定其成败，因此，分割的方法和精确程度至关重要。由此可知，图像分割在图像工程中占据非常重要的地位。

关于图像分割给出的解释有很多种，我们借助于集合概念对图像分割给出它的定义如下：

令集合 R 代表整幅图像它的区域，对 R 的分割可以看成是将 R_n 个满足下面5个条件的非空子集（子区域）$R_1, R_2, \cdots R_n$：

(1) $\bigcup\limits_{i=1}^{N} R_i = R$；

(2) 对所有的 i 和 j，有 $i \neq j$，$R_i \bigcap R_j = \Phi$；

(3) 对 $i=1,2,\cdots,N$，有 $P(R_i)$=True；

(4) 对 $i \neq j$，$P(R_i \bigcup R_j)$=False；

(5) $i=1,2,\cdots,N$，R_i 是连通的区域。

式中，$P(R_i)$ 代表的是对所有在集合中存在的元素的逻辑谓词，Φ 代表的是空集。

由以上可看出条件(1)指出对整幅图像所得的所有子区域的综合（并集）应该包括图像中所有像素（即原图像），也可以说分割应将图像的每一个像素都分进某个区域中。条件(2)指出在分割结果中各个子区域是互不重叠的，或者说在分割结果中一个像素不能同时属于两个区域。条件(3)指出在分割结果中每个子区域都有独特的特性，或者说属于同一个区域中的像素应该具有某些相同特性。条件(4)指出在分割结果中，不同的子区域具有不同的特性，没有公共元素，或者说属于不同区域的像素应该具有一些不同的特性。条件(5)要求分割结果中同一个子区域内的像素应当是连通的，即同一个子区域的两个像素在该子区域内互相连通，或者说分割得到的区域是一个连通组元。

另外，上述这些条件不仅定义了分割，也对进行分割有指导作用。对图像的分割总是根据一些分割准则进行的。条件(1)与条件(2)说明正确的分割准则应可适用于所有区域和所有像素，而条件(3)和条件(4)说明合理的分割准则应能帮助确定各区域像素有代表性的特性，条件(5)说明完整的分割准则应直接或间接地对区域内所有像素的连通性存在一定的要求或者限定。

最后就需要指出，在实际应用中图像分割不光是要把一幅图像分割成满足以上各个条件具有的特性区域并且要把其中所需要的目标区域提取出来。这样才可以算是真正意义上完成了图像分割的目的。

人们在多年的潜心研究中积累了很多图像分割的方法。图像分割是一个把像素分类的过程，其分类的依据可建立在像素之间的相似性以及灰度不连续性基础之上。相似性检测方法(如基于区域的分割方法)主要有：双峰法、区域分裂与合并法和自适应阈值分割等多种方法；灰度不连续性检测的方法(如基于边缘的分割方法)主要有：边缘检测、边缘跟踪以及霍夫变换等。还有结合特定理论工具的分割方法，如基于形态学分水岭的分割、基于统计模式识别的分割、基于神经网络的分割、基于信息论的分割和基于小波变换的分割等。

4.1 基于区域的分割算法

基于区域的分割方法在图像分割中是一种很重要的分割方法，它可定义为根据选定的一致性准则把图像划分为互不交叠的、具有连通性的像元集的处理过程，它既改掉了阈值分割法中没有考虑到空间信息的不足，又解决掉了边缘检测法中区域连续性和封闭性的困难之处，其在图像分割的方法中具有很强的优点。

在这种方法中，若从全图出发，按照区域属性特征一致性的准则来决定每个像元的区域归属，从而形成区域图，这就是区域生长法；如果从像元出发，按区域属性特征一致性的准则，把属性相似的连通像元聚集成区域就是区域增长的分割方法；要是综合利用上面的两种方法，就定义为区域分裂与合并的分割方法。区域生长法的基本思想是把具有相似性质的像素集合起来构成一个区域，具体的做法是先选定图像中要分割的目标物体中的一个小块或种子区域，再在这个种子区域的基础之上不断将它周围邻域的像素点按照一定的准则加入其中，最终达到将代表该物体的所有像素点结合成的一个区域的目的，这种方法的关键之处是要选择出合适的生长准则或者相似准则。生长准则一般可分为三种：基于区域灰度差准则、基于区域内部灰度分布统计性质准则以及基于区域形状准则。区域分裂与合并法是先把图像分割成许多一致性较强的一些小区域，然后按照一定的准则把小区域再融合成大区域，最终达到分割图像的目的。

4.1.1 区域生长法

1. 区域生长法原理

顾名思义，区域生长法是根据提前定义的生长准则，把像素或者子区域集合成比较大区域的处理方法。其基本的处理方法是以一组"种子"点开始，形成这些生长区域，把预先定义好的与这些种子性质相近的邻域像素附加到这些种子上(比如指定的灰度级或者颜色范围)，区域生长法的基本步骤如图4.1所示。

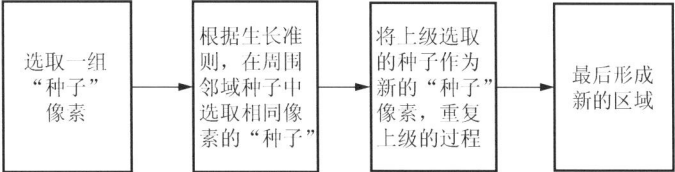

图 4.1　区域生长法的算法步骤

通常，为了选择由一个或多个种子点组成的集合，可以以问题的形式作为基础，当没有先验的信息可用时，一种方法是在每个像素上计算一组相同的特性，最后在生长处理期间分配像素到区域中。如果这个计算结果显示一簇值，就把拥有这些特性的像素放在可以作为种子的这些簇的中心附近。

相似性的选择不但依赖于所考虑的问题，而且也依赖于图像可用数据的类型。例如，对卫星图像的分析强烈依赖于颜色。在彩色图像中，在没有固定信息可用的情况下，这个问题可能明显地会更困难，甚至是不可能的。图像是单色的，图像分析应该用一组基于灰度级(例如：运动或纹理)和空间特性(例如：连通性)的描述符来进行。如果在区域生长处理中没有连通信息(或连接性)而只有描述符的话，可能产生错误的结果。例如，仅仅用三个不同的灰度值检验像素的随机排列。把相同灰度的像素分组，进而形成区域，但不注意连通性，将有可能产生无意义的分割结果。

区域生长中的另一个问题是停止规则的明确表达。基本上，当没有更多像素满足所包含区域的准则时，区域生长的过程就应该停止。灰度值、纹理、色彩这样的准则实际上是局部的，不考虑区域生长的历史。增加区域生长算法能力的附加准则利用了大小的概念，候选像素和迄今为止被生长像素之间的相似性(比如对候选灰度和生长区域中平均灰度的比较)，以及被生长区域的形状等。这些类型的描述符的应用基于如下假设：期待结果的模型至少部分可用。

2. 区域生长法的仿真实现

如图 4.2 所示一张 256×256 的图片，经过区域生长法分割。

```
A0=imread('football.jpg');%读入图像
seed=[100,220];%选择起始位置
thresh=16;%相似性选择阈值
A=rgb2gray(A0);%灰度化
A=imadjust(A,[min(min(double(A)))/255,max(max(double(A)))/255],[]);
A=double(A); %将图像灰度化
B=A;%将 A 赋予 B
[r,c]=size(B); %图像尺寸 r 为行数，c 为列数
n=r*c;%计算图像所包含点的个数
pixel_seed=A(seed(1),seed(2));%原图起始点灰度值
q=[seed(1) seed(2)];%q用来装载起始位置
top=1;%循环判断 flag
M=zeros(r,c);%建立一个与原图形同等大小的矩阵
M(seed(1),seed(2))=1%将起始点赋为 1，其余为 0
count=1;%计数器
while top~=0%循环结束条件
r1=q(1,1);%起始点行位置
c1=q(1,2);%起始点列位置
p=A(r1,c1);%起始点灰度值
dge=0;
for i=-1:1%周围点的循环判断
for j=-1:1
if r1+i<=r && r1+i>0 && c1+j<=c && c1+j>0%保证在点周围范围之内
if abs(A(r1+i,c1+j)-p)<=thresh && M(r1+i,c1+j)~=1%判定条件？
top=top+1;%满足判定条件 top 加 1，top 为多少，则 q 的行数有多少行
```

```
q(top,:)=[r1+i c1+j];%将满足判定条件的周围点的位置赋予q,q记载了满足判定的每一外点
M(r1+i,c1+j)=1;%满足判定条件将M中相对应的点赋为1
count=count+1;%统计满足判定条件的点个数,其实与top此时的值一样
B(r1+i,c1+j)=1;%满足判定条件将B中相对应的点赋为1
end
if M(r1+i,c1+j)==0;%如果M中相对应点的值为0将dge赋为1,也是说这几个点不满足条件
dge=1;%将dge赋为1
end
else
dge=1;%点在图像外将dge赋为1
end
end
end    %此时对周围几点判断完毕,在点在图像外或不满足判定条件则将dge赋为1,满足条件
dge为0
if dge~=1 %最后判断的周围点(i=1,j=1)是否满足条件,如dge=0,满足。dge=1,不满足。
B(r1,c1)=A(seed(1),seed(2));%将原图像起始位置灰度值赋予B
end
if count>=n    %如果满足判定条件的点个数大于等于n
top=1;
end
q=q(2:top,:);
top=top-1;
end
subplot(1,2,1),imshow(A,[]);
subplot(1,2,2),imshow(B,[]);
```

图4.2   区域生长法分割图像

结果分析:从图4.2中的分割结果可以看出,区域生长法利用了图像的局部空间信息,可有效的克服其他方法存在的图像分割空间不连续的缺点,此方法的关键是初始种子点的选取和相似区域生长准则的确定,若选取不当,会造成过度分割现象,将图像背景中的点

当作分割对象，或者无法将分割对象完整的分割出来。因此，若选取不好，稳定性、准确性以及运算速度都会受到很大影响。

但是，可以从分割图像可以看出来，这里的分割结果并不十分理想，有一些边界点并没有被分割出来，可以选择区域生长法和区域增长法相结合的方式进行改进，即区域分裂与合并法。

4.1.2 区域分裂与合并法

1. 区域分裂与合并法原理

这种方法是将区域生长法和区域增长法结合起来，是从整幅图像开始，通过不断分裂到最终得到各个区域。实际操作中，首先把图像分成任意大小且相互不重复的区域，然后再合并分裂这些区域以满足分割要求。

例如，利用四叉树结构的迭代分裂合并算法分割图像。令 R 代表整个图像区域，P 代表逻辑谓词。对 R 进行分割的方法是重复的把分割得到的结果图像分成四个区域，以直到对任意区域 R_i，有 $P(R_i) = \text{TRUE}$。也就是说，对整幅图像如果 $P(R) = \text{FALSE}$，那么就把图像分成了四等分。对任何区域如果有 $P(R_i) = \text{FALSE}$，那么就将 R_i 分成四等分。如此类推，直到 R_i 为单个像素。

如果只使用分裂，最后可能出现相邻的两个区域具有相同的性质但却并没有合成在一起的情况。因此，允许拆分的同时进行区域合并，即在每次分裂后允许其继续分裂或合并，如 $P(R_i \bigcup R_j) = \text{TRUE}$，则将 R_i 和 R_j 合并起来。当再无法进行聚合或拆分时操作停止。如图 4.3 (a)、(b) 所示。

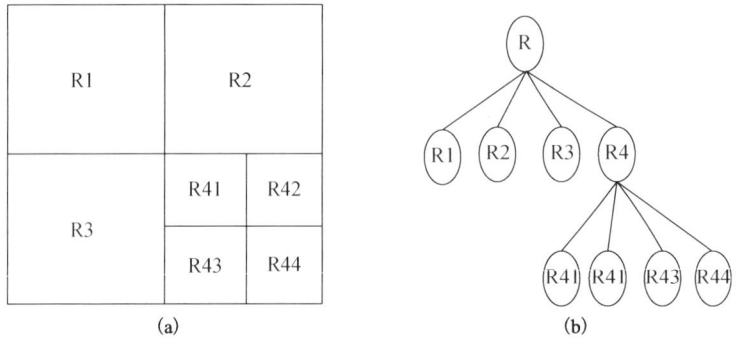

图 4.3 四叉树结构的迭代分裂合并算法

这种方法是将区域生长法和区域增长法结合起来，是从整幅图像开始，通过不断分裂到最终得到各个区域。实际操作中，首先把图像分成任意大小且相互不重复的区域，然后再例如，利用四叉树结构的迭代分裂合并算法分割图像。令 R 代表整个图像区域，P 代表逻辑谓词。对 R 进行分割的方法是反复将分割得到的结果图像分成四个区域，直到对任意区域 R_i，有 $P(R_i) = \text{TURE}$。也就是说，对整幅图像如果 $P(R) = \text{FALSE}$，那么就把图像分为四等分。对任何区域如果有 $P(R_i) = \text{FALSE}$，那么就把 R_i 分成了四等份。以此类推，直到 R_i 成为单个的像素。

若只使用分裂，最后可能就会出现相邻的两个区域会具有相同的性质但却并没有合成的情况。因此，允许拆分的同时进行区域合并，即在每次分裂之后允许其继续分裂或者合并，如 $P\left(R_i \cup R_j\right) = \text{TRUE}$，则将 R_i 和 R_j 合并起来。当再无法进行聚合或拆分时操作停止。

图 4.3 是使用四叉树结构的迭代分裂合并算法的仿真结果，这种分割方法在 MATLAB 里可以直接调用函数进行四叉树分解，方法简单有效，可以迅速分割出对象。这种方法的主要优点是对于分裂和合并都使用同样的四叉树，直到合并的最后一步。

从图 4.3(b) 可以看出，区域分割与合并算法在处理效果上兼具区域生长法和阈值法两种算法的优点，但它也有它的不足，一方面，分裂如果不能深达像素级，那么会降低分割的精度；另一方面，深达像素级的分裂会大大增加合并的工作量，进而大大的提高它的时间复杂度。此外分裂合并技术可能会使得分割区域的边界遭到破坏，产生过多的块状区域边界。

2. 区域分裂与合并法仿真实现

```
%主函数
clear all
clc
f=imread('1.jpg');
if(isgray(f)==0)
f=rgb2gray(f);
end
[m,n]=size(f);
 extra=2^nextpow2(max(m,n));
if m~=n||m~=extra
    f=padarray(f,[extra-m,extra-n],'symmetric','post'); end
subplot(1,2,1);imshow(f);
xlabel('(a)原始图像');
std_thresh=15;
min_dim=2;
g=split_merge(f,min_dim,@predicate_fun,std_thresh);
g=mat2gray(g); %归一化矩阵
subplot(1,2,2);imshow(g);
xlabel('(b)分裂合并分割效果');

%子函数
function y = isgray(x)
y = ndims(x)==2 & ~isempty(x);
if islogical(x)
    y = false;
elseif ~isa(x, 'uint8') & ~isa(x,'uint16') & y  % At first just test a small
chunk to get apossible quick negative
    [m,n] = size(x);
    chunk = x(1:min(m,10),1:min(n,10));
y = min(chunk(:))>=0 &max(chunk(:))<=1;  % If the chunk is an intensity image,
testthe whole image
    if y
        y = min(x(:))>=0 & max(x(:))<=1;
    end
```

```
end
y = logical(y); % Just make sure

%子函数
function g=split_merge(f,min_dim,Predicate_fun,std_thresh)
% g=split_merge(f,min_dim,Predicate_fun,std_thresh)分裂合并图像
% f 为输入图像，min_dim 为分裂最小子区域的大小
% predicate_fun 为实现相同性质逻辑谓词 P 的函数
% std_thresh 为标准方差阈值
% 用四叉树结构分裂图像
spare_qtim=qtdecomp(f,@split_test_fun,min_dim,@predicate_fun,std_thresh);
% 取出最大块的大小
max_block_size=full(max(spare_qtim(:)));
maskin=zeros(size(f));
markerim=zeros(size(f));
for i=1:max_block_size
    [val,r,c]=qtgetblk(f,spare_qtim,i);
    if numel(val)~=0
        for j=1:length(r)
            xlow=r(j);
            ylow=c(j);
            xhigh=xlow+i-1;
            yhigh=ylow+i-1;
            subblock=f(xlow:xhigh,ylow:yhigh);
            flag=feval(Predicate_fun,subblock,std_thresh);
            if flag
                maskim(xlow:xhigh,ylow:yhigh)=1;
                markerim(xlow:xhigh,ylow:yhigh)=1;
                end
        end
    end
end
g=bwlabel(imreconstruct(markerim,maskim),8);
function    splitflag=split_test_fun(subblocks_im,min_dim,predicate_fun,
std_thresh)
block_num=size(subblocks_im,3);
splitflag(1:block_num)=false;
for i=1:block_num
subblock=subblocks_im(:,:,i);
    if(size(subblock,1))<=min_dim
        splitflag(i)=false;
        continue;
    end
    flag=feval(predicate_fun,subblock,std_thresh);
if flag
        splitflag(i)=true;
    end
end
```

```
%子函数
function flag=predicate_fun(subblock_im,std_thresh)
stdval=std2(subblock_im);
flag=stdval>std_thresh;
```

结果分析：仿真结果如图 4.4(b)所示，这种方法是区域生长法和区域增长法的综合，因此，克服了区域生长法的过分割缺陷，从分割图像中可以看出，它很好的将对象从背景中分割出来了。但是这种分割方法将分割区域的边界破坏了，产生了块状区域边界。并且由于此算法采用了四叉树结构，建立四叉树的过程影响了算法的复杂度，比前两种算法需要更大的时间和空间代价。

 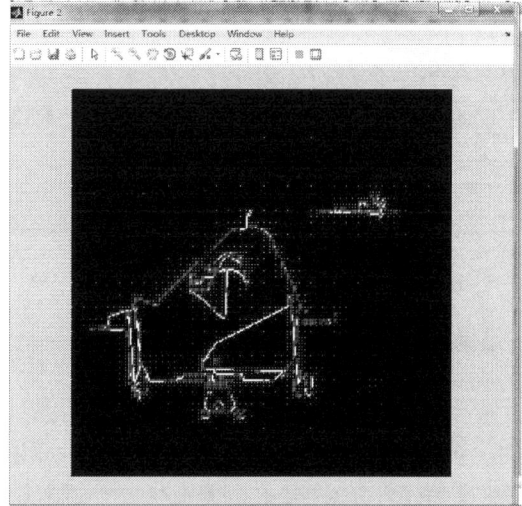

(a) 原始图像   (b) 分割结果

图 4.4   四叉树法分割图像

4.2   阈值分割算法

图像分割经典的方法是基于灰度阈值的分割方法，它通过设定阈值，将像素点按灰度级分若干类，从而实现图像分割。将一副图像转化成二值图像是阈值分割最简单的形式。阈值处理是一种区域分割技术，它是将灰度在主观意上识分成两个或者多个等间隔或不等间隔的灰度区间，它主要是利用图像中要提取的目标物体和背景在灰度上存在的差异，进而选择一个合适的阈值，然后通过判断图像中的每一个像素点的特征属性看它是不是满足阈值的要求来确定图像中该像素点的术语目标区应该属于的区域，从而产生二值图像，它对目标物体和背景存在较强对比的景物分割非常有用。它不仅计算简单，而且总能用封闭而且连通的边界定义互不交叠的区域。

阈值值分割主要有两个步骤：

（1）确定正确分割图像的阈值。

（2）将所有得像素的灰度级和阈值一一进行比较，从而实现的区域划分，达到把所需目标和背景分离出来的目的。

在这个过程中，确定正确的阈值是这种方法的关键，只要能够确定出一个合适的阈值可以完成对图像的准确分割。因为阈值法不仅简单而且运算效率高,所以采用的最为广泛。阈值法的分割结果在很大程度上依赖的是对阈值的选取,所以该方法关键是如何选择合适的阈值。如赵立初等人提出的基于小波分析的图像自适应阈值选择算法。

4.2.1 直方图双峰法

1. 直方图双峰法原理

该阈值法的依据是图像的直方图,通过对图像的直方图进行各种分析来实现对图像的分割。图像的直方图可以看作是像素灰度值概率分布密度函数的一个近似值,设想一幅图像只包含目标与背景,则它的直方图代表的像素灰度值概率密度分布函数实质上是对应的目标和背景的两个单峰分布密度函数之和。图像的二值化过程就是在直方图上寻找出两个峰、一个谷来对一个图像进行分割,除此之外还可以通过两级函数来近似直方图。

如果灰度图像的直方图,其灰度级范围为 $i = 0,1,\cdots,L-1$,当灰度级为 k 时的像素数为 n_k,则一幅图像的总像素数 N 如式 4-1 所示:

$$N = \sum_{i=0}^{L-1} n_i = n_0 + n_1 + \cdots + n_{L-1} \tag{4-1}$$

灰度级 i 出现的概率如式(4-2)所示:

$$p_i = \frac{n_i}{N} = \frac{n_i}{n_0 + n_1 + \cdots + n_{L-1}} \tag{4-2}$$

当图像的灰度直方图为双峰分布的时候,图像的内容大致为两部分,分别为灰度分布的两个山峰的附近。因此直方图左侧山峰为亮度较低的部分,这部分恰好对应画面中较暗的背景部分;直方图右侧山峰为亮度较高的部分,对应于画面中需要分割的目标。选择的阈值为两峰之间的谷底点时,即可将目标分割出来。算法实现框图如图 4.5 所示。

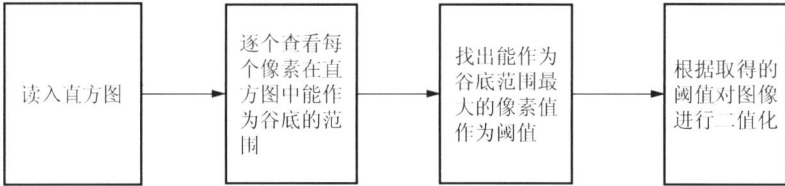

图 4.5 直方图双峰法的算法步骤

双峰法在当被分割图像的灰度直方图上显示出明显的、清晰的两个波峰时,采用这种方法可以达到较好的分割结果。但是,阈值分割算法存在交互性比较差。虽然可通过人工参与、交互设定阈值,但是设定阈值后分割效果的程度怎么样,还是需要通过人工观察图像分割结果来判断。此外,该方法的抗噪性较差,当被分割对象存在较强噪声时,分割效果会受到很大的影响。

2. 直方图双峰法的仿真研究

该阈值法的依据是图像直方图,经过对直方图实行各种分析来实现对图像的分割。图像的直方图可以看作是像素灰度值概率分布密度函数的一个近似,假设一幅图像中仅仅包含目标与背景,那么它的直方图代表的像素灰度值概率密度分布函数实质上是对应目标与背景的两个单峰分布密度函数之和。图像二值化的过程就是在直方图上找出两个峰、一个谷来对一个图像进行分割，也可以通过两级函数来近似直方图。

```
I=imread('xian.bmp');
I1=rgb2gray(I);
figure;
subplot(2,2,1);
imshow(I1);
title('灰度图像')
axis([50,250,50,200]);
grid on;                                    %显示网格线
axis on;                                    %显示坐标系
[m,n]=size(I1);                             %测量图像尺寸参数
GP=zeros(1,256);                            %预创建存放灰度出现概率的向量
for k=0:255
    GP(k+1)=length(find(I1==k))/(m*n);      %计算每级灰度出现的概率,将其存入GP中相
应位置
end
subplot(2,2,2),bar(0:255,GP,'g')           %绘制直方图
title('灰度直方图')
xlabel('灰度值')
ylabel('出现概率')
I2=im2bw(I,150/255);
subplot(2,2,3),imshow(I2);
title('阈值150的分割图像')
axis([50,250,50,200]);
grid on;                   %显示网格线
axis on;                   %显示坐标系
I3=im2bw(I,200/255);
subplot(2,2,4),imshow(I3);
title('阈值200的分割图像')
axis([50,250,50,200]);
grid on;                   %显示网格线
axis on;                   %显示坐标系
```

双峰法在当被分割图像的灰度直方图中出现出明显的、清晰的两个波峰的时候，采用这种方法可达到比较好的分割精度。然而，阈值分割算法它的交互性比较差。虽然可以通过人工参与和交互来设定阈值，但是设定阈值后的分割效果会是怎样，还是需要通过人工观察图像分割结果来判断。此外，该方法的抗噪性较差，当被分割对象存在较强噪声时，分割效果会受到很大的影响。如图 4.6 所示是直方图双峰法分割图像的仿真结果。

结果分析：从图 4.6 的仿真结果可以发现，这是一种有效且简单的阈值分割方法，只需要将图 4.6 中直方图上两个波峰之间的谷底选择为分割阈值，即选择阈值为 80 和阈值 180，就可以将对象从背景中分割出来了，分别得到分割结果。但是这种方法有局限性，即要求图像的灰度直方图必须具有双峰性，也就是说，图像的目标和背景必须形成较大的反差，如该图中，建筑物和背景灰度差距很大，才能得到比较理想的仿真结果。

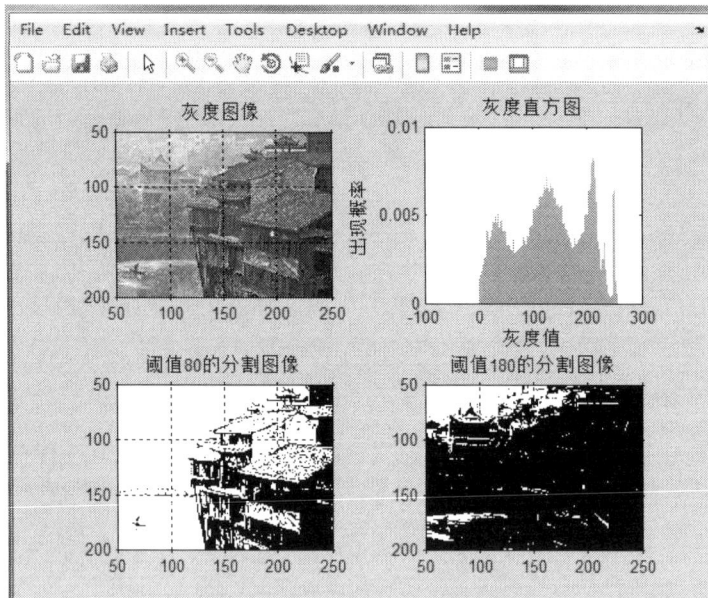

图 4.6　直方图双峰法分割图像

4.2.2　最大类间方差法

从统计意义上讲，方差是表征数据分布不均衡的统计量，可通过阈值对这类问题进行分割。最大类间方差法是以图像的灰度直方图为分割依据，以目标和背景的类间方差最大是作为阈值选取准则，综合考虑到了像素邻域和图像整体灰度的分布等特征关系，把经过灰度分类的像素类群之间产生最大方差时的灰度数值作为图像的整体分割阈值。显然，适当的阈值使得两类数据间的方差越大越好，表明该阈值的确将两类不同的问题区分开了，同时希望属于同一类问题的数据之间的方差越小越好，表明同一类问题具有一定的相似性。它的基本算法步骤如图 4.7 所示。

图 4.7　最大类间方差法的基本算法

在分割阈值确定过程中，以 $\sigma_B^2(T)$ 代表阈值为 k 时的类间方差，ω_i、μ_i 分别为 C_i 组中像素 i 产生的概率和组内所有像素点灰度值的均值，μ 为整体图像所有像素点灰度的均值。两组间的类间方差如式(4-3)所示：

$$\sigma_B^2 = \omega_o(\mu_0 - \mu)^2 + \omega_1(\mu_1 - \mu)^2 = \omega_0\omega_1(\mu_0 - \mu)^2 \tag{4-3}$$

但是，在很多情况下，对复杂的整幅图像用单一阈值不能给出良好的分割结果。图像中某一部分的阈值能把该部分的物体和背景精确区分出，而对另一部分来说，可能把太多的背景也作为物体分割下来了。针对这种情况，使用局部阈值的方法就可以在不同的区域选择不同的阈值，将物体从背景中分割出来。

58

4.2.3 迭代法

1. 迭代法原理

它是基于逼近的思想，基本算法如下：

（1）计算出图像的最大灰度值与最小灰度值，分别记作 Max 和 Min，令初始阈值为：

$$T_0 = (\text{Max} + \text{Min}) / 2$$

根据阈值 T_k 把图像分割为前景跟背景，分别计算出两者的平均灰度值 Z_0 和 Z_b。

（2）求出阈值 $T_{k+1} = (Z_0 + Z_b)/2$。

（3）如果 $T_k = T_k + 1$；那么所得到的就是阈值；否则转（2）迭代计算。

迭代所得到的阈值分割图象的效果良好，基于迭代的阈值能够区分出图象的前景和背景的主要区域所在，但是在图象的细微的地方还是没有很好的做出区分，令人吃惊的是对某些特定的图像，微小的数据变化却会引起分割效果的巨大变化，两者的数据只是稍有变化，分割效果反差极大，具体原因还有待进一步研究。

在具体实现的时候，先根据初始开关函数把输入图逐个分为前景和背景，在第一次对图像扫描结束后，平均两个积分器的值以确定一个阈值。然后用这个阈值控制开关再次把输入图分成前景与背景，并且用做新的开关函数。这样反复迭代一直到开关函数不会在发生变化，这时得到的前景与背景就是最终分割结果。

对与某些特定的图像，微小数据的变化反而会引起分割效果的巨大变化，两者的数据只是稍有变化，但分割效果却反差非常明显。对于直方图双峰明显，谷底较深的图像，使用迭代方法可较快地获得满意结果，但对于直方图双峰不明显，或者图像目标和背景比例差异很悬殊的图像，迭代法所选取的阈值则不如其它方法。

2. 迭代法仿真实现

在具体实现的时候，首先依据初始开关函数把输入图逐个图像分成前景与背景，在第一遍对图像进行扫描结束之后，平均两个积分器的值来确定一个阈值。然后用这个阈值控制开关再次把输入图分成前景与背景，并且用做新的开关函数。这样如此反复迭带直到开关函数不会在发生变化，此时得到的前景和背景就是图像的最终分割结果。

```
I=imread('cameraman.tif');
ZMax=max(max(I));
ZMin=min(min(I));
TK=(ZMax+ZMin)/2;
bCal=1;
iSize=size(I);
while(bCal)
iForeground=0;
iBackground=0;
ForegroundSum=0;
BackgroundSum=0;
for i=1:iSize(1)
for j=1:iSize(2)
```

```
tmp=I(i,j);
if(tmp>=TK)
iForeground=iForeground+1;
ForegroundSum=ForegroundSum+double(tmp);
else
iBackground=iBackground+1;
BackgroundSum=BackgroundSum+double(tmp);
end
end
end
ZO=ForegroundSum/iForeground;
ZB=BackgroundSum/iBackground;
TKTmp=uint8((ZO+ZB)/2);
if(TKTmp==TK)
bCal=0;
else
TK=TKTmp;
end
end
disp(strcat('迭代后的阈值',num2str(TK)));
newI=im2bw(I,double(TK)/255);
subplot(121),imshow(I)
subplot(122),imshow(newI)
```

图 4.8　迭代法分割图像

结果分析：从图 4.8 的迭代法分割仿真结果可以看出，迭代所得的阈值分割的图像效果良好。基于迭代的阈值能够区分出图像的前景与背景的主要区域所在处，但是在图像的细微之处还是没有很好的区分度。由前面论述的双峰法可知，该图像有着良好的双峰性，因此，得到了较好的分割效果，但对于其它直方图双峰不明显，或图像目标和背景比例差异悬殊的图像，迭代法则不能得到很好的分割效果。

4.3 基于形态学分水岭的分割算法

4.3.1 算法原理

分水岭算法是一种基于区域的图像分割方法，并建立在基于数学形态学[12]的理论基础之上。这种算法常被用于解决分离相连接的目标。它常将灰度图像看成是假想的地形表面，每个像素的灰度值表示该点的海拔高度，以图像的梯度作为输入，输出连续单像素宽度的边缘线。它具有分割精细、便于软硬件实现的优点，是一种有效的图像分割方法。

分水岭分割算法的思想源自于测地学中的地膜形态模型。它的原理描述为：第一先把一幅图像看做是跌宕起伏的地貌模型，图像中的每一个像素的灰度值对应地形中的高度(即海拔)，把均匀灰度值的局部极小区域看作是盆地，并且在它的最低处进行穿孔，让水慢慢地且地均匀浸入到各个孔，当水将把盆地填满时，在某两个或者多个盆地之间给它修建一个大坝。随着水位的不断上升，各个盆地被完全淹没，只剩下没被淹没的各个大坝，并且各个盆地也被大坝完全包围，从而就可以得到各个大坝(即分水岭)和被大坝分开的各个盆地(即目标物体)，从而达到最终的分割目的。

分水岭法图像分割算法：分水岭的计算过程其实是一个迭代标注的过程。在该算法中，分水岭计算分两个步骤，一个是排序过程，一个是淹没过程。首先要对每一个像素的灰度级进行从低到高排序，然后在从低到高实现淹没过程，对每一个局部极小值在 h 阶高度的影响域使用先进先出(FIFO)结构对其进行判断和标注。

进行分水岭变换后得到的是输入图像的集水盆图像，集水盆之间的边界点，即为分水岭。显然，分水岭表示的是输入图像的极大值点。因此，为得到图像的边缘信息，通常把梯度图像作为输入图像。

令 $M_1, M_2, \cdots, M_R$ 为代表图像 $g(x,y)$ 的局部最小值点的坐标的集合。令 $C(M_i)$ 是一个点的坐标的集合，这些点位于和局部最小值 M_i (不管哪一个汇水盆地内的点都组成一个连通分量)相互联系的汇水盆地内。符号 min 和 max 代表 $g(x,y)$ 的是最小值与最大值。最后，令 $T[n]$ 表示 (s,t) 坐标的集合，其中 $g(s,t) < n$，即该集合如式(4-4)所示：

$$T[n] = \left\{ (s,t) \big| g(s,t) < n \right\} \tag{4-4}$$

在几何意义上，$T[n]$ 是 $g(x,y)$ 中的点的集合，集合中的点都位于平面 $g(x,y) = n$ 的下方。

随着水位以整数量从 $n = \min+1$ 到 $n = \max+1$ 的不断增加，图像中的地形就会被水不断漫过。在水位漫过地形的过程中的每一个阶段，算法都需要知道在水位之下的点的数目。从概念上来说，如果 $T[n]$ 中的坐标处在 $g(x,y) = n$ 的平面之下，并被标记成黑色，所有其他的坐标被标记为白色。然后，当人们在水位以任意量 n 增加的时候，从上向下观察 xy 平面，就会看到一幅二值图像。图像中黑色的点对应的是函数中低于平面 $g(x,y) = n$ 的点。

令 $C_n(M_i)$ 表示汇水盆地中点的坐标的集合。这个盆地与在第 n 阶段被淹没的最小值有关。$C_n(M_i)$ 如式(4-5)所示，它也可以被看作由下式给出的二值图像：

$$C_n(M_i) = C(M_i) \bigcap T[n] \tag{4-5}$$

也就是说，如果 $(x,y) \in C(M_i)$ 且 $(x,y) \in T[n]$，则在位置 (x,y) 有 $C_n(M_i)=1$。否则 $C_n(M_i)=0$。对于这个结果在几何意义上的解释是非常简单的，人们只需要在水溢出来的第 n 个阶段用与运算将 $T[n]$ 中的二值图像分离出来即可。$T[n]$ 是与局部最小值 M_i 相互联系的集合。

接下来，令 $C[n]$ 表示在第 n 个阶段汇水盆地被水淹没的部分的并集，如式(4-6)所示：

$$C[n] = \bigcup_{i=1}^{R} C_n(M_i) \tag{4-6}$$

然后令 $C[\text{max}+1]$ 为所有汇水盆地的并集，如式(4-7)所示：

$$C[\text{max}+1] = \bigcup_{i=1}^{R} C(M_i) \tag{4-7}$$

可以看出，位于 C_nM_i 和 $T[n]$ 中的元素在算法执行过程中是不可以被替换掉的，而且这两个集合中的元素的数目和 n 保持同步的增长。所以，$C[n-1]$ 是 $C[n]$ 集合的子集。根据式(4-5)和式(4-6)，$C[n]$ 是 $T[n]$ 的子集，所以，$C[n-1]$ 是 $T[n]$ 的子集。从这个结论中可得出重要的结果：$C[n-1]$ 中的每一个连通分量都刚好是 $T[n]$ 的一个连通分量。

找寻分水线的算法开始时设定 $C[\text{min}+1] = T[\text{min}+1]$。然后算法进行递归调用，假设在第 n 步时，已经构造了 $C[n-1]$。根据 $C[n-1]$ 求得 $C[n]$ 的过程如下：令 Q 代表 $T[n]$ 中连通分量的集合。然后，对于每个连通分量 $q \in Q[n]$，有下列三种可能性：

(1) $q \bigcap C[n-1]$ 为空。

(2) $q \bigcap C[n-1]$ 包含 $C[n-1]$ 中的一个连通分量。

(3) $q \bigcap C[n-1]$ 包含 $C[n-1]$ 多于一个的连通分量。

根据 $C[n-1]$ 构造 $C[n]$ 取决于以上三个条件，当遇到一个新的最小值符合条件(1)时，则把 q 并入 $C[n-1]$ 构成 $C[n]$；当 q 处于某些局部最小值构成的汇水盆地中时，符合条件(2)，这时把 q 合并到 $C[n-1]$ 构成 $C[n]$；当遇到全部或者部分分离两个或者更多的汇水盆地的山脊线时，符合条件(3)。再一步的注水，就会导致不同盆地的水聚集在一起，进而使水位趋向于一致，因此，必须在 q 中建立一座水坝(假设涉及多个盆地则要建多座水坝)用来阻止盆地内的水溢出来。当用 3×3 个 1 的结构元素膨胀 $q \bigcap C[n-1]$ 并且把这种膨胀限制在 q 中时，一条一个像素宽度的水坝就能够被构造出来。

通过采用和 $g(x,y)$ 中存在的灰度级值相对应的 n 值，可改善算法的效率；按照 $g(x,y)$ 的直方图，可以确定这些值及其最小值和最大值。

然而，由于梯度噪声、量化误差及物体内部细密纹理的影响，直接使用梯度算子会在平坦区域内部产生许多局部的"谷底"和"山峰"，经过分水岭后形成小的区域，直接使用分水岭得算法会产生过分割的现象：因为图像中存在许多的极小值点，分割的结果会淹没在大量的不相关结果之中。目前主要有两种解决的方法，一种方法是在梯度图像中增加一些标记点的方法进行指导分割，非标记点的极小点形成分割区域就会合并到标记点形成的区域；另一种方法则是根据面积准则或者灰度准则对分水岭分割结果进行合并。

4.3.2 分水岭分割仿真实现

由于直接应用分水岭分割算法的效果并不太好，如果在图像中对前景对象和背景对象分别进行标注区别，再应用分水岭算法会取得较好的分割效果。

```
rgb=imread('pears.png');          %读取原图像
I=rgb2gray(rgb);                  %转化为灰度图像
figure;subplot(121)               %显示灰度图像
imshow(I)
text(732,501,'Imagecourtesyof Corel','FontSize',7,'HorizontalAlignment',
'right')
hy=fspecial('sobel');                       %sobel算子
hx=hy;
Iy=imfilter(double(I),hy,'replicate');      %滤波求y方向边缘
Ix=imfilter(double(I),hx,'replicate');      %滤波求x方向边缘
gradmag=sqrt(Ix.^2+Iy.^2);                  %求模
subplot(122);imshow(gradmag,[]);            %显示梯度
title('Gradient magnitude(gradmag)')
L=watershed(gradmag);                       %直接应用分水岭算法
Lrgb=label2rgb(L);                          %转化为彩色图像
figure;imshow(Lrgb);                        %显示分割后的图像
title('Watershed transform of gradient magnitude(Lrgb)')
se=strel('disk',20);                        %圆形结构元素
Io=imopen(I,se);                            %形态学开操作
figure;subplot(121)
imshow(Io),                                 %显示执行开操作后的图像
title('Opening(Io)')
Ie=imerode(I,se);                           %对图像进行腐蚀
Iobr=imreconstruct(Ie,I);                   %形态学重建
subplot(122);imshow(Iobr),                  %显示重建后的图像
title('Opening-by-reconstruction(Iobr)')
Ioc=imclose(Io,se);                         %形态学关操作
figure;subplot(121)
imshow(Ioc),                                %显示关操作后的图像
title('Opening-closing(Ioc)')
Iobrd=imdilate(Iobr,se);                    %对图像进行膨胀
Iobrcbr=imreconstruct(imcomplement(Iobrd),imcomplement(Iobr));%形态学重建
Iobrcbr=imcomplement(Iobrcbr);              %图像求反
subplot(122);imshow(Iobrcbr)                %显示重建求反后的图像
title('Opening-closing by reconstruction(Iobrcbr)')
fgm=imregionalmax(Iobrcbr);                 %局部极大值
figure;imshow(fgm),                         %显示重建后局部极大值图像
title('Regional maxima of opening-closing by reconstruction(fgm)')
```

63

```
I2=I;
I2(fgm)=255;                                   %局部极大值处像素值设置为255
figure;imshow(I2),                             %在原图上显示极大值区域
title('Regional maxima superimposed on original image (I2)')
se2=strel(ones(5,5));                          %结构元素
fgm2=imclose(fgm,se2);                         %关操作
fgm3=imerode(fgm2,se2);                        %腐蚀
fgm4=bwareaopen(fgm3,20);                      %开操作
I3=I;
I3(fgm4)=255;                                  %前景处设置为255
figure;subplot(121)
imshow(I3)                                     %显示修改后的极大值区域
title('Modified regional maxima')
bw=im2bw(Iobrcbr,graythresh(Iobrcbr));         %转化为二值图像
subplot(122);imshow(bw),                       %显示二值图像
title('Thresholded opening-closing by reconstruction')
D=bwdist(bw);                                  %计算距离
DL=watershed(D);                               %分水岭变换
bgm=DL==0;                                     %求取分割边界
figure;imshow(bgm),                            %显示分割后的边界
title('Watershed ridge lines(bgm)')
gradmag2=imimposemin(gradmag,bgm|fgm4);        %设置最小值
L=watershed(gradmag2);                         %分水岭变换
I4=I;
I4(imdilate(L==0,ones(3,3))|bgm|fgm4)=255;     %前景及边界处设置为255
figure;subplot(121)
imshow(I4)                                     %突出前景及边界
title('Markers and object boundaries')
Lrgb=label2rgb(L,'jet','w','shuffle');         %转化为为彩色图像
subplot(122);imshow(Lrgb);                     %显示为彩色图像
title('Colored watershed label matrix')
figure;imshow(I),
hold on
himage=imshow(Lrgb);                           %在原图上显示伪彩色图像
set(himage,'AlphaData',0.3);
title('Lrgb superimposed transparently on original image')
```

1. 求取图像边界

首先，读取一幅图像，并把该彩色图像转化为灰度图像，如图 4.9 左图所示，然后使用 Sobel 算子对图像做水平、垂直两个方向的滤波，再求取模值，如图 4.9 右图所示：滤波后的图像在边界处会显示出较大的值，在没有边界处的值则很小。

图 4.9　灰度图像及梯度图像

2. 梯度模值分水岭算法

如图 4.10 直接使用梯度模值分水岭算法会导致过度分割，因此在此对前景对象和背景对象分别进行标记，以获得更好的分割效果。

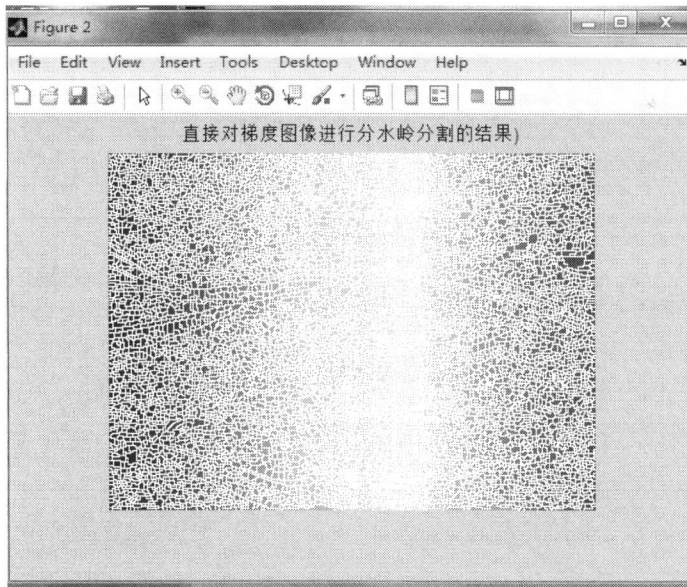

图 4.10　直接对梯度图像进行分水岭分割的结果

3. 对前景和背景标记

这里使用形态学重建技术对前景对象标记。首先对图像使用 imopen 函数进行开操作，来平滑图像的轮廓，消弱狭窄的部分，去掉细的突出，是膨胀和腐蚀操作的结合，如图 4.11

左图所示。还可以先对图像进行腐蚀，再对图像进行形态学重建，使用这种方法处理的图如图 4.11 右图所示。

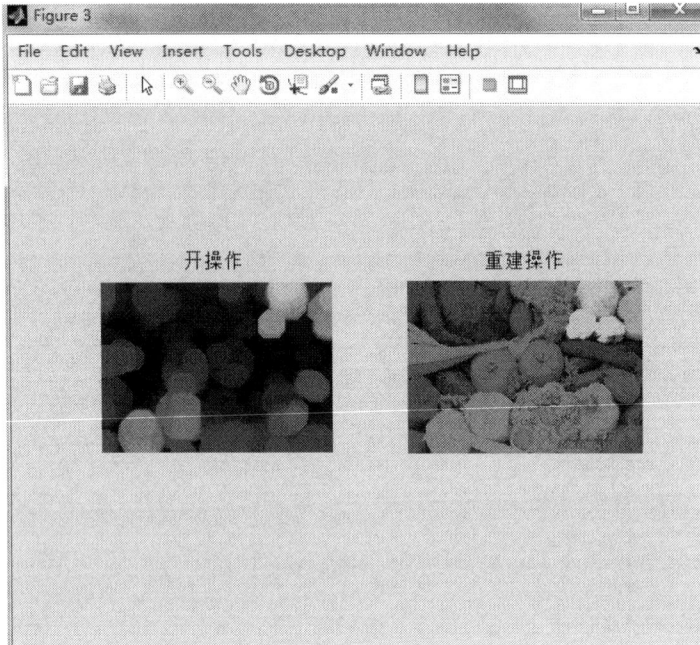

图 4.11　开操作和重建操作结果对比

然后进行关操作平滑图像的轮廓、填补轮廓上的缝隙，如图 4.12 左图所示。另外一种方法是对图像进行腐蚀，在重建之前需要对图像求反，进行形态学重建，然后再进行一次求反。图 4.12 右图表示的是重建后的图像。

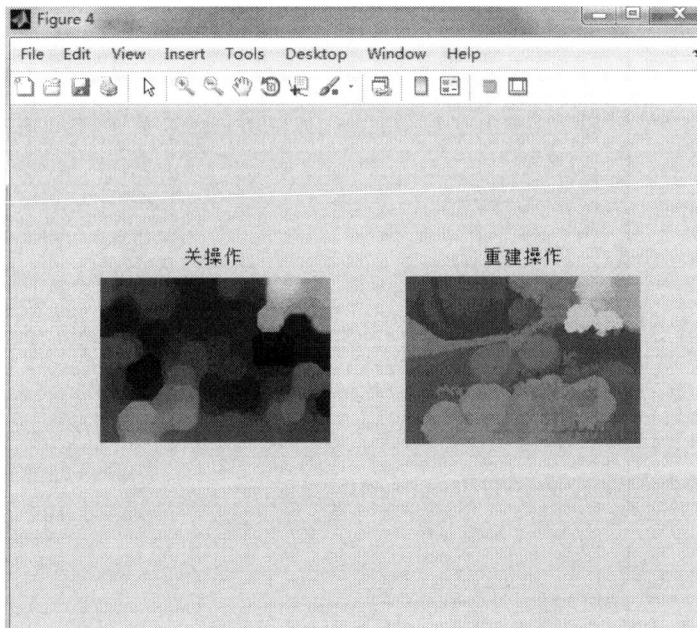

图 4.12　关操作和重建操作结果对比

对比上面两幅图像，以重建为基础的开关操作(右图像)比一般的开关操作(左图像)在去除小的污点的时候是更有效的，并且不影响图像的轮廓。

因此，计算右边图像的局部极大值会得到比较好的前景标记，如图 4.13 所示。

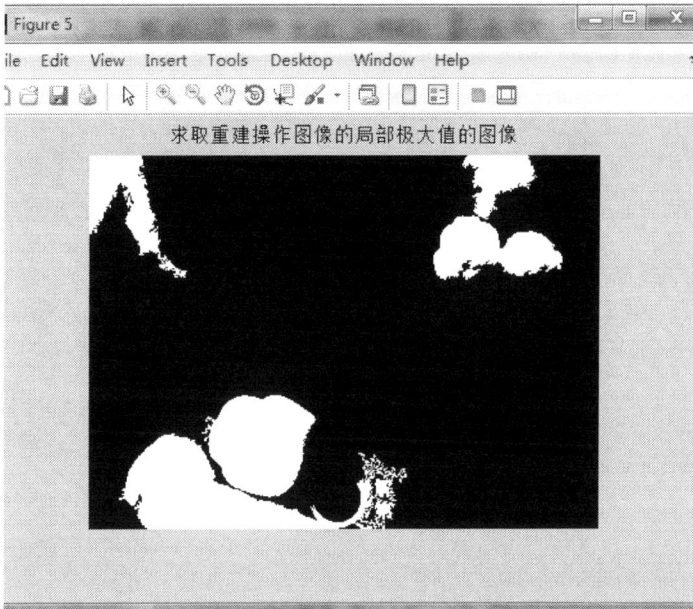

图 4.13　求取局部极大值的图像

图 4.14 为在原图像基础上，显示局部极大值对前景图像进行标记的结果。

图 4.14　在原图上显示局部极大值

注意到该图像中还有一部分目标物体没有被正确地标记出，即没有进行正确的分割。且少部分前景目标已经扩展到了边缘部分，因此应该收缩一下边缘，可先对图像进行关操作，然后再进行腐蚀，这样就能够得到想要的效果。

将关操作中产生的一些数量较少的孤立的像素点去除，如图 4.15 左图所示。以淡颜色的值为背景，使用合适阈值将图 4.15 中重建操作的图像转化为二值图像，如图 4.15 右图所示。

图 4.15　调整后的局部极大值图像和二值图像

4. 进行分水岭变换

从图 4.16 可以看出，背景像素是黑色的，由于我们在理想情况下不希望背景标记太靠近目标对象边缘，因此可通过"骨骼化"对二值图像的距离进行分水岭变换以进行细化，再寻找分水岭的界限，该界限如图 4.16 所示。

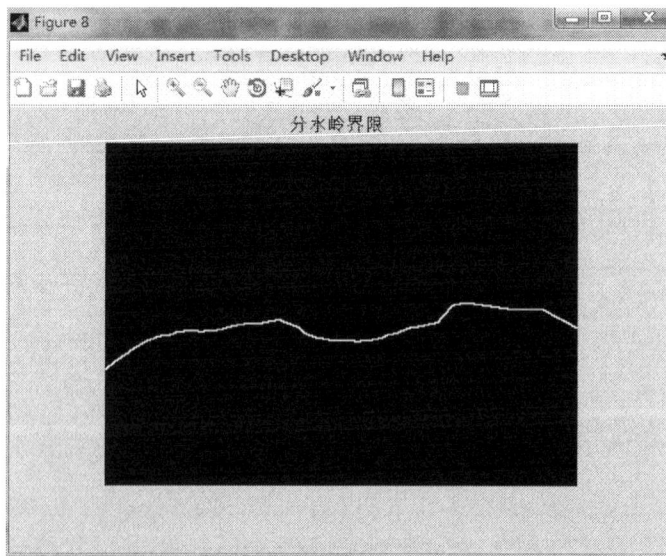

图 4.16　分水岭界限

修改梯度模值图像，使梯度模值图像在标记的前景和背景对象中有最小值，然后进行分水岭变换。

在原图像中分别对前景对象、背景对象和边界进行标记。对图像进行膨胀操作使分割的边界更清楚，如图 4.17 左图所示。从该图中可以看出，对前景和背景对象分别标记后再进行分水岭变换比直接在梯度模值图像上进行分水岭变换得到的效果要好得多。

另一种显示分割后图像的方法如图 4.17 右图所示，即使用彩色图像显示。

图 4.17　分割图像显示

同样也可在原图像的基础上，使用透明技术将原图像显示为伪彩色图像，如图 4.18 所示。

图 4.18　分割图像的伪彩色显示

结果分析：使用对前景和背景对象分别标记后再进行分水岭变换对图像进行分割的结果比较理想，可以将目标物体连接在一起的图像的封闭边缘很好的检测出来，并且对微弱边缘具有良好的响应。而且可以避免过度分割，比直接在梯度模值图像上进行分水岭变换得到的效果要好得多。

4.4 其他分割算法概述

4.4.1 边缘检测图像分割

基于边缘检测的分割方法主要是通过检测包含有不同区域的边缘来解决图像分割的问题。边缘就是目标和背景的分界线，把边缘提取出来就可以把目标跟背景区分开，所以它是图像分割依靠的重要特征，同样也是纹理特征重要的信息源和形状特征的基础。它用于识别图像的有用信息，给人们描述或者识别目标还有解释图像提供出一个很有价值的以及重要的特征参数。在一幅图像中，边界不仅是一个特征区域的终结，而且是另一个特征区域的开始，它所分开的区域的内部特征或属性是一样的，但在不同区域内部中的表现出的特征或者属性是不同的，边缘的检测就是利用物体和背景在某些图像特性上的不同来实现的，这种差异比如灰度、颜色及纹理等特征。边缘检测就是要检测出来图像特性发生变化的具体位置。图像中的信息量是很大的，但边缘信息是图像的一种很贴近的描述，它包含的内容往往是图像中最重要的信息。因此边缘检测在计算机视觉中有着很重要的地位。

边缘检测算法有下面四个步骤：

（1）滤波：边缘检测算法是基于图像强度的一阶和二阶导数，但导数的计算对噪声很敏感，因此必须使用滤波器来改善与噪声有关的边缘检测器的性能。需要指出，大多数滤波器在降低噪声的同时也导致了边缘强度的损失，因此，增强边缘和降低噪声之间需要折衷。

（2）增强：增强边缘的基础是确定图像各点邻域强度的变化值。增强算法可以将邻域（或局部）强度值有显著变化的点突显出来。边缘增强一般是通过计算梯度幅值来完成的。

（3）检测：在图像中有许多点的梯度幅值比较大，而这些点在特定的应用领域中并不都是边缘，所以应该用某种方法来确定哪些点是边缘点。最简单的边缘检测判据是梯度幅值阈值判据。

（4）定位：如果某一应用场合要求确定边缘位置，则边缘的位置可在子像素分辨率上来估计，边缘的方位也可以被估计出来。

边缘检测法大概包括下面几类：基于局部图像函数的分割方法、多处度方法、图像滤波法、基于反应扩散方程法、状态空间搜索法、动态规划法、边界跟踪法、哈夫变换法等边缘检测的几种经典算法：

1）Canny 算子

Canny 的边缘检测利用的是高斯函数的一阶微分，它在噪声抑制与边缘检测间寻找比较好的平衡，它的表达式高斯函数的一阶导数很相似。Canny 边缘检测算子对于受加性噪声影响的边缘检测是最佳的。

2）Roberts 梯度算子

对于阶跃状边缘，在边缘点处一阶导数存在极值，所以可计算每个像素处的梯度然后来检测边缘点。对于图像 $g(x, y)$，在 (x, y) 处的梯度定义为 $\mathrm{grad}(x, y)$。梯度是一矢量，大小代表边缘的强度，方向与边缘走向是垂直的。梯度算子仅仅利用最近邻像素的灰度计算，对噪声很敏感，没办法抑制噪声对其的影响。

3）Prewitt 与 Sobel 算子

Prewitt 从加大边缘检测算子的模块的大小出发，由 2×2 扩大到 3×3 来计算差分算子，用 Prewitt 算子不单单能够检测出边缘点，还能够抑制噪声对其的影响。Sobel 在 Prewitt 算子的基础上，对 4-邻域采用带权的方法计算差分，这种算子不仅能够检测边缘点，并且能够进一步的抑制噪声的影响，但是检测的边缘比较宽。

4）Laplace 算子

Laplace 算子是和方向没有关系的各向同性（旋转轴对称）的一种边缘检测算子。它的特点是各向同性、线形以及位移不变，对于孤立点检测与细线效果是很好的。可是边缘的方向信息会丢失，经常会产生出双像素的边缘，这样对噪声就有双倍加强的作用。因为梯度算子与 Laplace 算子都对与噪声都很敏感，所以一般在采用它们检测边缘之前首先要对图像进行平滑。

5）马尔算子

马尔算子是在拉普拉斯算子的基础之上来实现的，因为拉普拉斯算子对于噪声还是比较敏感的，为减少噪声的影响，可以先对将要检测的图像进行平滑，然后利用拉普拉斯算子对其进行检测边缘。最后使用二阶导数算子过零点的性质，可以确定图像中阶跃状边缘的位置。应注意马尔算子用在噪声较大的区域就会产生高密度的过零点。

4.4.2 基于模型的图像分割

基于模型的图像分割都是在基于一定的模型之下，把图像分割的问题转变成目标函数的求解的问题，过程中目标函数的设计与求解是难点。在基于模型的图像分割的方法中使用最为广泛的主要是马尔可夫随机场模型与活动轮廓模型。

（1）基于马尔可夫随机场模型的图像分割：马尔可夫随机场方法是建立在马尔可夫模型与 Bayes 理论的基础之上的，它是依据统计决策以及估计理论中的最优准则来确定分割问题的目标函数，求解满足这些条件或者消费函数的最大可能的分布，从而将分割问题转化为最优化问题。

（2）基于活动轮廓模型的图像分割：活动轮廓模型主要有两类，一类是 Kass 等人提出的以能量函数极小化为基础的参数活动轮廓模，又叫做 Snake 模型；另一类就是 Osher 等人提出来的基于水平集（Level Set）方法以及曲线演化的几何活动轮廓模型。

一般而言，参数活动轮廓模型中的平滑基函数比不连续的点所需要的参数要少，会产生更优的算法；又很容易对 Snake 框架引进来一个先验的形状约束，也很容易进行用户交互。但是这类模型通常只具备单目标轮廓分割能力，缺少应付拓扑变化的灵活性。

4.4.3 基于人工智能的图像分割

在图像分割领域中应用最为广泛的人工智能技术主要有模糊聚类与神经网络，它主要是利用人工智能方法获得图像分割的某一个参数，再基于这一个参数使用图像分割方法来对图像进行分割。

特征空间聚类：许多图像由于光照不均匀，就会使得目标具有缓变的边界，甚至有可能会出现亮度或色彩不一致的现象，而模糊方法却能克服这些不确定性，并且能够得到可接受的分割结果。模糊聚类就是其中的重要方法之一，它主要有模糊 C 均值聚类跟 K 均值聚类。

基于神经网络的图像分割：人工神经网络(Artificial Neural Networks，ANN)因为它具有并行处理的能力和非线性的特点从而特别适合于解决分类的问题。神经网络方法的出发点是把图像分割问题转变成比如能量最小化、分类等问题，也就是首先利用训练样本集对 ANN 进行训练，然后用训练好的 ANN 去分割新的图像。ANN 的不足是需要大量的训练样本集，计算速度往往难以达到要求。

4.5 算 法 总 结

图像分割是图像特征提取和识别等图像理解的基础，对图像分割的研究一直是数字图像处理技术研究中的热点和焦点。本章首先介绍了数字图像处理技术中图像分割技术的基本原理和主要方法，然后分别研究了基于阈值、区域和形态学分水岭法的图像分割方法。基于阈值的分割方法主要论述了直方图双峰法、最大类间方差法和迭代法的分割方法，基于区域的分割方法主要论述了区域生长法和区域分裂与合并法。由此得出以下结论：
考虑到既要具有良好的切割效果，又要保留图像的重要边缘特征，具体的实现步骤如下：

(1) 输入待分割图像 $f(x,y)$ ，$f(x,y)$ 为灰度图像。

(2) 利用 MATLAB 显示灰度直方图，用迭代法进行阈值选取，以区分背景和目标。

(3) 采用边缘检测算子检测图像的边界特征，确定图象的边界位置。

(4) 根据图像边缘检测的结果，在图像的边缘位置即灰度发生急剧变化的地方采用局部阈值法进行分割，对图象边缘进行二值化。

(5) 根据图象分割的实际效果，再对以上方法加以完善，力求实现效果最好的图象分割。

接着使用 MATLAB 软件对各种分割方法进行了仿真，得到了分割图像，最后对仿真结果进行了分析。

由于图像分割技术在当今图像工程的发展过程中起着十分重要的作用，得到了广泛应用，促使人们致力于寻找新的理论和方法来提高图像分割的质量，以满足各方面的需求。

第 5 章 基于小波理论的图像处理算法

小波分析则有多分辨率分析的特点，克服了短时傅里叶变换在单一分辨率上的不足和缺陷，在频域和时域都具有表征信号局部信息的能力，频率窗和时间窗都能够依据信号的具体形态进行动态调整，低频部分可以利用较低的时间分辨率来提高频率的分辨率，对高频部分来说获取精确的时间定位可以利用比较低的频率分辨率。因此，小波变换被应用于图像增强、图像去噪中。

5.1 小 波 变 换

5.1.1 小波函数

小波即小区域的波，小波变换把信号分解成母小波按不同尺度和平移后的小波函数上，这些小波函数是紧支撑的，时间有限的。小波变换提出了变化的时间窗，当需要精确的低频信息时，可以采用长的时间窗，相反，当需要精确的高频信息时，可以采用短的时间窗。小波变换用的不是时间-频率域，而是时间-尺度域。尺度越大，采用越大的时间窗，尺度越小，采用越短的时间窗，即尺度与频率成反比。

小波函数一般具有以下特点：

(1) 正则性：小波函数在时域都具有紧支撑或近似紧支撑的特性。原则上讲，任何满足可允许性条件 $L^2(R)$ 空间的函数都可作为小波母函数，所以具有正则性的实数或复数函数作为小波母函数，以使小波母函数在时域和频域都具有较好的局部特征。

(2) 波动性：因为小波母函数满足可允许条件，则必有 $\psi(t)\big|_{t\to\infty}=0$，即直流分量为 0。由此可以断定小波必具有正负交替的波动性。

5.1.2 一维小波变换

1. 一维连续小波变换(CWT)

在 Fourier 变换 $F(\omega)=\int_{-\infty}^{+\infty}f(t)e^{-jx}\mathrm{d}x$ 中，用小波基函数 $\psi(x)$ 做伸缩和平移变换，得到函数 $\psi(\frac{x-b}{a})$，用 $\psi(\frac{x-b}{a})$ 代替傅里叶变换的基函数 e^{jx} 的伸缩函数 $e^{j\omega x}$，得到新的变换就称为连续小波变换，具体定义如下：

函数 $\psi(x)\in L^2(R)$ 称为小波函数，如果满足准许条件：

$$C_\varphi=\int_{-\infty}^{+\infty}\frac{|\hat{\psi}(\omega)|^2}{|\omega|}\mathrm{d}\omega<\infty \tag{5-1}$$

式中，$\hat{\psi}(\omega)$ 为 $L^2(R)$ 的 Fourier 变换，则连续小波变换定义为：

$$(W_\varphi f)(a,b)=\frac{1}{\sqrt{|a|}}\int_{-\infty}^{+\infty}f(x)\psi^*\left(\frac{x-b}{a}\right)\mathrm{d}x \tag{5-2}$$

式中，$a,b \in R$ 且 $a \neq 0$；a 为缩放因子(对应于频率信息)；b 为平移参数(对应于时空信息)；$\psi^*(x)$ 表示 $\psi(x)$ 的复共轭。准许条件在 $f(x) \in L^2(R)$ 下可以等价地表示为：

$$\int_{-\infty}^{+\infty} \psi(t)\mathrm{d}t = 0 \tag{5-3}$$

小波变换结果为各种小波系数，这些系数由尺度和位移函数组成。

2. 一维离散小波变换(DWT)

$$f(x) = \frac{1}{C_\varphi} \iint_{R^2} a^{-2} (W_\varphi f)(a,b)\psi_{a,b}(x)\mathrm{d}a\mathrm{d}b \tag{5-4}$$

令 $a = a_1, b = b_1$，则

$$\begin{aligned}
(W_\varphi f)(a_1,b_1) &= \int_R f(t)\overline{\psi}_{a_1,b_1}(t)\mathrm{d}t \\
&= \int_R \frac{1}{C_\psi}[\int_0^{+\infty}\int_{-\infty}^{+\infty} \frac{1}{a^2}(W_\psi f)(a,b)\psi_{a,b}(t)\mathrm{d}b\mathrm{d}a]\overline{\psi}_{a_1 b_1}(t)\mathrm{d}t \\
&= \int_0^{+\infty}\int_{-\infty}^{+\infty} \frac{1}{a^2}(W_\psi f)(a,b)[\frac{1}{C_\psi}\int_R \psi_{a,b}(t)\overline{\psi}_{a_1 b_1}(t)\mathrm{d}t]\mathrm{d}b\mathrm{d}a \\
&= \int_0^{+\infty}\int_{-\infty}^{+\infty} \frac{1}{a^2}(W_\psi f)(a,b)K_\psi(a,a_1,b,b_1)\mathrm{d}b\mathrm{d}a
\end{aligned} \tag{5-5}$$

式中，$K_\psi(a,a_1,b,b_1) = \frac{1}{C_\psi}\int_R \psi_{a,b}\overline{\psi}_{a_1 b_1}(t)\mathrm{d}t$ 称之为再生核。显然，当 $\psi_{a,b}(t)$ 与 $\psi_{a_1,b_1}(t)$ 正交时，$K_\psi(a,a_1,b,b_1) = 0$，即这时 $(W_\psi f)(a,b)$ 对 $(W_\psi f)(a_1,b_1)$ "没有贡献"。小波的尺度为 $j = 0$ 时，取 $b = a_0^j b_0$，下面的小波函数可以实现对信号的离散化且不丢失信息：

$$\omega_{j,k}(t) = a_0^{-\frac{j}{2}}\psi(a_0^{-j}t - kb_0) \tag{5-6}$$

根据以上的讨论，离散小波变换的定义如下：

设 $\psi_{a,b}(t) \in L^2(R), a_0 > 0$，是常数，$\psi_{j,k}(t) = a_0^{-\frac{j}{2}}\psi\left(a_0^{-j}t - k\right)$ $\left(j,k \in Z\right)$。则称

$$(W_a f)(j,k) = \int_R f(t)\overline{\psi}_{j,k}(t)\mathrm{d}t \tag{5-7}$$

为 $f(t)$ 的离散小波变换。特别地，取 $a_0 = 2$ 时，则称以离散小波函数 $\psi_{j,k}(t) = a_0^{-\frac{j}{2}}\psi\left(a_0^{-j}t - k\right)$ $\left(j,k \in Z\right)$ 为函数的式(5-7)变换称为二进制小波变换。

5.1.3 二位小波函数

1. 二维连续小波变换

若信号函数 $f(x,y) \in L^2(R), \psi(x,y)$ 为二维小波母函数，则其构造可由一维母小波的张量积形成。

$$\psi_{a,b,c}(x,y) = \frac{1}{|a|}\psi(\frac{x-b}{a},\frac{y-c}{a}) \quad a,b,c \in R \quad 且 \quad a \neq 0 \tag{5-8}$$

因为图像信号是一种二维信号，所以将一位小波扩展为二维情况，便于后续的使用和分析。

$$(W_\psi f)(a,b,c) = \frac{1}{|a|} \iint f(x,y)\psi(\frac{x-b}{a},\frac{y-c}{a})\mathrm{d}x\mathrm{d}y \tag{5-9}$$

2. 二维离散小波变换

只要把参数 a,b,c 离散化 $a=a_0^{-j}, b=k_1b_0a_0^{-j}, c=k_2c_0a_0^{-j}$，$a_0,b_0,c_0$ 为常数，$j,k_1,k_2 \in Z$，则有离散参数变换：

$$\mathrm{DPWT}(j,k_1,k_2) = a_0^j \iint f(x,y)\,\psi\left(a_0^j x - k_1 b_0, a_0^j y - k_2 c_0\right)\mathrm{d}x\mathrm{d}y \tag{5-10}$$

将 x,y 离散化，即得到离散空间小波变换：

$$\mathrm{DSWT}(j,k_1,k_2) = a_0^j \sum_{I_1}\sum_{I_2} f(I_1,I_2)\,\psi\left(a_0^j I_1 - k_1 b_0, a_0^j I_2 - k_2 c_0\right) \quad I_1,I_2 \in Z \tag{5-11}$$

令 $a_0=2, b_0=c_0=1$，即得到离散小波变换，表示为：

$$\mathrm{DWT}(j,k_1,k_2) = 2^j \sum_{i_1}\sum_{i_2} f(I_1,I_2)\,\psi\left(2^j I_1 - k_1, 2^j I_2 - k_2\right) \quad l_1,l_2 \in Z \tag{5-12}$$

5.1.4 小波变换的多分辨率分析

小波理论包括连续小波和二进制小波变换，在映射到计算域的时候会出现很多问题，因为两者都存在信息的冗余，在对信号进行采样以后，需要计算的信息量还是相当大的，特别是连续的小波变换，因为要对精度内所有的位移和尺度都要做计算，所以计算量非常的大。而二进小波变换虽然在离散的尺度上进行平移和伸缩，但是小波之间并没有正交性，各个分量的信息是搀杂在一起的，这为我们的分析带来了不便。

多分辨率分析（Multi-resolution Analysis，MRA），也称为多尺度分析，它是建立在函数空间概念上的理论，多分辨率分析在小波变换理论中拥有非常重要的地位。它的一系列尺度空间都是由同一尺度函数经过不同尺度张成的，即一个多分辨率分析与一个尺度函数对应[2]。

通俗地讲，多分辨分析就是要构造一组函数空间，每组空间的构成都有一个统一的形式，而所有空间的闭包则逼近 $L^2(R)$。在每一个空间中，该空间的标准化正交基是由所有的函数构成的，而 $L^2(R)$ 的标准化正交基是由所有函数空间闭包中的函数构成的，那么，如果对信号在这类函数空间上进行分解，就能够得到互相正交的时频特性。由于空间数目是无限可数的，因此能够很方便地分析我们所需要的信号的某些特性。

对于任意函数 $f(t) \in V_0$，可以将它分解为细节部分（小波空间）W_1 与大尺度逼近部分（尺度空间）V_1，然后对大尺度逼近部分 V_1 进一步分解。这样重复就能够得到任意尺度上的逼近部分与细节部分，这就是多分辨率分析的框架。每进行一次小波分解都把输入信号分解为低频部分与高频细节部分，而且每次的输出采样率都能够再减半，从而保证总的输出系数长度保持不变，这样就将原始离散信号进行了多分辨率分解。

在图像处理中，把二维图像信号 $f(x,y) \in L^2(R^2)$ 所占的总频带定义为 $V_0^{(2)}(x,y)$ 空间，用理想低通滤波器 h_0 与高通滤波器 h_1 在行和列方向对它们分别分解成低频部分 $V_0^{(1)}(x)$ 与

高频部分 $W_1^{(1)}$，每一个方向的两部分分别反映了该图像信号在分解方向上的概貌与细节；对于 $V_0^{(1)}(x) \oplus V_1^{(1)}(y)$ 经过第二级（$a=2$）分解后又被分解成低频 $V_2^{(1)}(x) \oplus V_2^{(1)}(y)$、垂直方向的高频 $V_2^{(1)}(x) \oplus W_2^{(1)}(y)$、以及对角线方向的高频 $W_2^{(1)}(x) \oplus W_2^{(1)}(y)$，$\cdots$，在这种空间分解过程中，$V_j^{(1)}(i)(i=x,y)$ 反映的是图像信号在空间 $V_{j-1}^{(2)}(i)(i=x,y)$ 中沿 i 方向的低频子空间，$W_j^{(1)}(i)(i=x,y)$ 反映的是图像信号在空间 $W_{j-1}^{(2)}(x,y)$ 中沿 i 方向细节的高频子空间。

从多分辨率分析可以看出，空间的每次分解包含两个部分：一部分是图像信号经过低通滤波后得到的低频概貌；另一部分是经过高通滤波（小波变换）得到的图像高频细节。对低频概貌重复以上的过程，最终图像信号被分解成多个等级的高频细节和最后一次低通滤波后的低频概貌之和。

下面简要介绍一下多分辨分析的数学理论。

定义：空间 $L^2(R)$ 中的多分辨分析是指 $L^2(R)$ 满足如下性质的一个空间序列 $\{V_j\}_{j \in Z}$：

(1) 单调性：$V_j \subset V_{j+1}$，对任意 $j \in Z$

(2) 渐进完全性：$\underset{j \in Z}{I} V_j = \Phi$，$\text{close}\left\{\underset{j \in Z}{U} V_j\right\} = L^2(R)$

(3) 伸缩完全性：$f(t) \in V_j \Leftrightarrow f(2t) \in V_{j+1}$

(4) 平移不变性：$\forall k \in Z, \phi(2^{-j/2}t) \in V_j \Rightarrow \phi_j(2^{-j/2}t - k) \in V_j$

(5) Riesz 基存在性：存在 $\phi(t) \in V_0$，使得 $\left\{\phi_j(2^{-j/2}t - k) | k \in Z\right\}$ 构成 V_j 的 Risez 基。

满足的上述性质称为多尺度分析，即任意函数，应用多尺度分析将其分解为细节部分或是某一方向上的细节部分和的基本特征部分，然后将进一步分解，可得到任意尺度下基本特征部分以及细节部分之和。

有以下结论：随着尺度的增大，其张成的尺度空间只能包括大尺度的缓变信号。反之，随着尺度的减小，其张成的尺度空间所包含的函数增多，尺度空间变大。所以，尺度越小，尺度空间就越大，对应频率就越高；反之，尺度越大，对应尺度空间就越小，频率越低。

5.1.5 Mallat 算法

1989 年 Mallat 在小波变换多分辨分析理论与图像处理的应用研究中受到塔式算法的启发，提出了信号的塔式多分辨分析分解与重构的快速算法，即著名的 Mallat 算法。

该算法在小波变换中的地位相当于 FFT 在傅里叶变换中的地位，该算法的提出使小波理论得到了突破性的进展，使小波分析成为近年来迅速发展起来的新兴学科并得到了广泛应用。由于数字图像通常用二维信号描述，因此这里只讨论二维的多分辨率分析。

Mallat 给出了正交小波的构造方法以及正交小波的快速算法——Mallat 算法。Mallat 算法是经过一组高通滤波器（G）和低通滤波器（H）对信号进行滤波处理，低通滤波器输出信号是原始信号的平滑部分；高通滤波器的输出信号是原始信号的细节部分。对输出的结果进行下二采样（即隔一取一）来实现小波分解，而分解的结果产生长度减半的两个部分，多级小波分解是通过级联的方式实现的，每一级的小波变换都是在前一级分解产生的低频分量上进行的。重构时是先使用一组 H 和 G 合成滤波器对小波分解的结果进行滤波处理，再进行上二采样（相邻两点间补零）来产生重构信号。即重构是分解的逆运算。低频分量上的能量比较集中，其信息非常丰富；高频分量上的细节信息比较丰富，而信息分量多为零，能量非常少。按照 Mallat 的快速算法，图像小波分解如图 5.1 所示，图像小波分解的重构算法如图 5.2 所示。

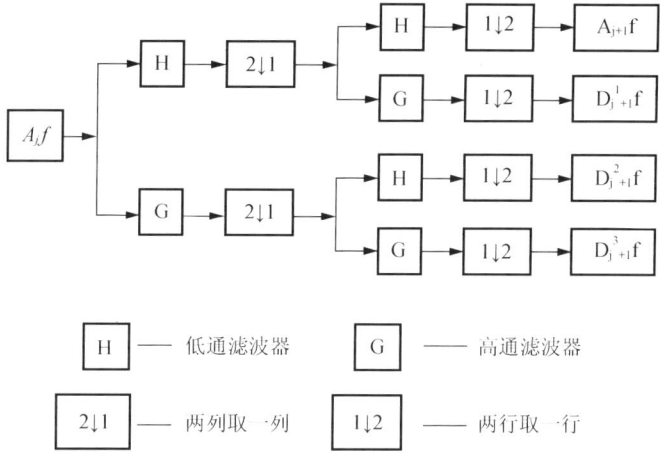

图 5.1　图像小波分解算法

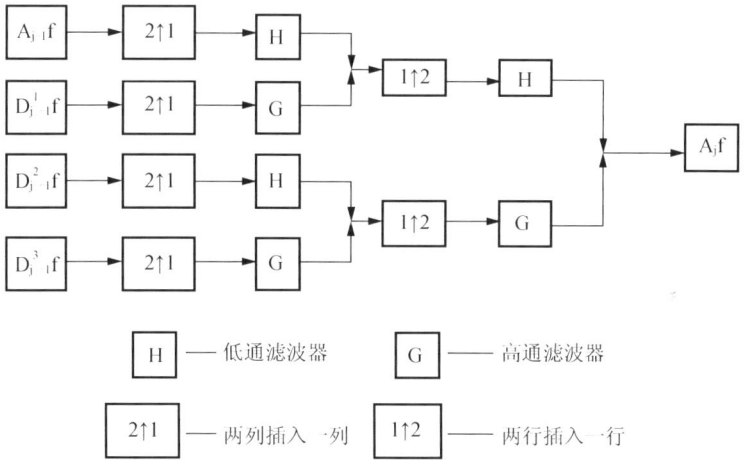

图 5.2　图像小波分解的重构算法

图像经过小波变换后，能够得到良好的空间-频率多分辨率表示，小波变换具有以下 4 个主要特征：

（1）原始图像低频子带图像的能量集中。

（2）小波分量具有方向选择性，分为三个部分水平、垂直、对角，这些特性都与我们人类的视觉特性是相吻合的。

（3）不仅保持原图像的空间特性，同时很好的获取了图像的高频信息。在低频处具有很好的频率特性，而空间选择性体现在高频处。

（4）低通模糊子图拥有很强的相关性，在水平子带图像中水平方向上的相关系数和大，而垂直方向上小；在垂直子带图像中垂直方向上的相关系数大，而水平方向上小；然而斜子带图像在垂直方向和水平方向上的相关系数都小。

5.2 基于小波变换的图像处理

5.2.1 图像的小波分解及重构

1. 小波分解示意图

小波变换的多分辨率分析能够多尺度分解图像，同时展现图像在不同尺度下的时域特点和频域特点，使得小波变换在图像处理中得到了很广泛的应用。小波变换将图像在各个尺度上分成低频分量与水平高频，垂直高频及对角高频四个不同的分量，图 5.3 是经过三尺度小波变换分解后图像频率特征，其中 LL 表示低频部分，它表示图像的低频信息，集中了图像的大部分能量，而 HL、LH 和 HH 都是高频部分，分别表示图像水平方向、垂直方向及对角线方向的细节。如果对图像的低频部分继续进一步做小波分解，就能够得到多个尺度的图像时频信息。

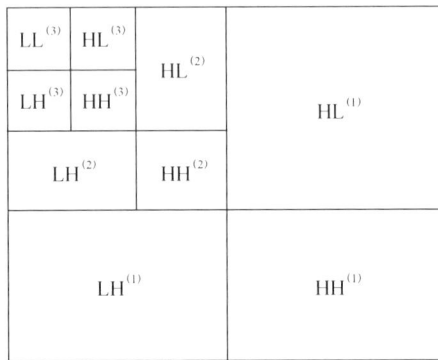

图 5.3 三级塔形分解示意图

其中 LL 表示水平方向的低频成分和垂直方向的低频分量，即低频部分；LH 表示水平方向的低频成分和垂直方向的高频分量，即垂直边缘信息；HL 表示水平方向的高频成分和垂直方向的低频分量，即水平边缘信息；HH 表示水平方向的高频成分和垂直方向的高频分量，即对角线方向的高频分量。

2. 图像小波分解与重构的 MATLAB 仿真

MATLAB 程序【1】:

```
%读入原图
X = imread('lena.jpg');
%将原图转为灰度图像
B=rgb2gray(X);
%转为浮点类型
C=double(B);
nbcol=size(C,1);
%第一次分解
[cA1,cH1,cV1,cD1]=dwt2(C,'db1');
dec1d=[cA1, cH1; cV1, cD1];
%第二次分解
```

```
 [cA2,cH2,cV2,cD2]=dwt2(cA1,'db1');
  dec2d=[cA2, cH2; cV2, cD2];
%将第二次分解后的矩阵代替第一次分解中的 cA1 分量合并成一个矩阵
dec4d = [dec2d,cH1;cV1,cD1];
%第三次分解
 [cA3,cH3,cV3,cD3]=dwt2(cA2,'db1');
dec3d=[cA3, cH3; cV3, cD3];
%将第三次分解后的矩阵代替第二次分解中的 cA2 分量合并成一个矩阵
dec5d = [dec3d, cH2; cV2, cD2];
dec6d = [dec5d, cH1; cV1, cD1];
%由二维小波分解重构原始图像
%第一次重构
t1=size(dec3d);
X1=idwt2 (cA3,cH3,cV3,cD3,'db1',t1);
%第二次重构
t2=size(dec2d);
X2=idwt2 (X1,cH2,cV2,cD2,'db1',t2);
%第三次重构
t3=size(dec1d);
X3=idwt2 (X2,cH1,cV1,cD1,'db1',t3);
%显示以上各图像
figure,
subplot(2,4,1),imshow(X),title('原图');
subplot(2,4,2),imshow(B),title('灰度图像');
subplot(2,4,3),imshow(dec1d,[]),title ('第一次分解后的图像');
subplot(2,4,4),imshow(dec4d,[]),title('第二次分解后的图像');
subplot(2,4,5),imshow(dec6d,[]),title('第三次分解后的图像');
subplot(2,4,6),imshow(X1,[]),title ('第一次重构');
subplot(2,4,7),imshow(X2,[]),title ('第二次重构');
subplot(2,4,8),imshow(X3,[]),title ('第三次重构');
figure,imshow(dec4d,[]),title('第二次分解后的图像');
figure,imshow(dec6d,[]),title('第三次分解后的图像');
```

Lena.bmp 图像的一次、二次及三次小波分解，程序【1】仿真运行结果如图 5.4 所示：

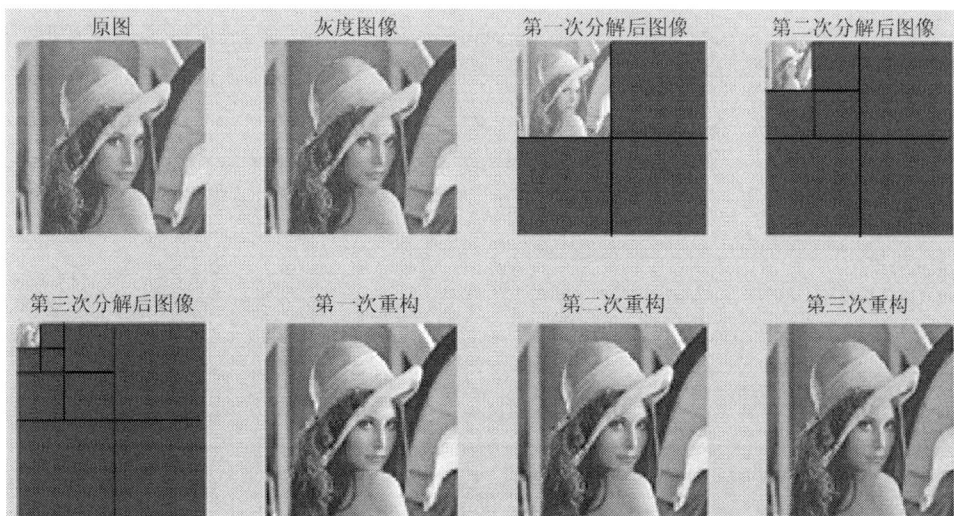

图 5.4　图像的二维小波三级分解及重构

5.2.2　基于小波变换的图像非线性增强

1. 非线性增强

图像经过小波变换后，可以分解为大小、位置和方向均不相同的分量，可以根据需要对某些部分的小波系数进行处理，从而增强感兴趣的分量，然后进行小波逆变换，得到增强后的图像。其函数表示为：

$$W_{out}(i,j) = \begin{cases} W_{in}(i,j) + G(\tau - 1) & W_{in}(i,j) > \tau \\ GW_{in}(i,j) & |W_{in}(i,j)| \leqslant \tau \\ W_{in}(i,j) - G(\tau - 1) & W_{in}(i,j) < \tau \end{cases} \tag{5-13}$$

式中，G 是小波系数增强倍数，是小波系数阈值，$W_{in}(i,j)$ 是图像分解后的小波系数，$W_{out}(i,j)$ 是图像增强后的小波系数。

具体实现步骤如下：

(1) 读入原始图像；

(2) 对原始图像进行小波分解，得到四个字带分别是：低频子带 LL 和三个高频子带 LH、HL、HH(细节部分)；

(3) 对高频系数进行非线性增强，达到去噪并增强的目的；

(4) 将处理后的两种小波系数进行小波逆变换，从而得出增强后的图像(输出图像)。

2. 非线性增强 MATLAB 仿真

MATLAB 程序【2】：

```
load woman;
subplot(1,2,1);
image(X);
title('原始图像');
axis square;
[c,s] = wavedec2(X,2,'db2');
sizec = size(c);
for i=1:sizec(2)
    if(c(i)>300)
        c(i)=2*c(i);
    else
        c(i)=0.5*c(i);
    end
end
x1 = waverec2(c,s,'db2');
subplot(1,2,2);
image(x1);
title('增强重构图像');
axis square;
```

图像线性增强，程序【2】运行结果如图 5.5 所示。

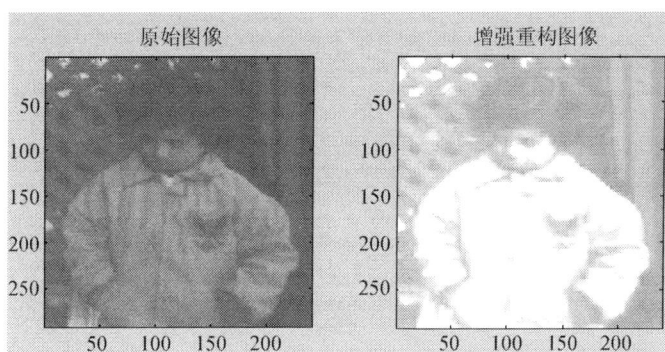

图 5.5 非线性小波图像增强

由图 5.5 可知，经过非线性小波变换增强后，图像的对比度明显增强，噪声得到了有效的抑制，但同时丢失了某些细节部分的信息。

5.2.3 基于小波变换的图像钝化

1. 图像钝化

图像钝化操作主要是提出图像中的低频成分，抑制快速变化成分(高频成分)。

2. 图像钝化的 MATLAB 仿真

MATLAB 程序【3】：

```
load woman
%对原图像做二维离散余弦变换
ff1=dct2(X);
%对变换结果在频域做巴特沃斯滤波
for i=1:256
   for j=1:256
      ff1(i,j)=ff1(i,j)/(1+((i*j+j*j)/8192)^2);
   end
end
%重建变换后的图像
blur1=idct2(ff1);
%对图像做 2 层的二维小波分解
[c,l]=wavedec2(X,2,'db3');
csize=size(c);
%对低频系数进行放大处理，并抑制高频系数
for i=1:csize(2);
   if(c(i)>300)
      c(i)=c(i)*2;
   else
      c(i)=c(i)/2;
   end
end
%通过处理后的小波系数重建图像
blur2=waverec2(c,l,'db3');
```

```
%显示三幅图像 subplot(131);image(wcodemat(X,192));colormap(gray(256));
title('原始图像');
axis square;
subplot(132);image(wcodemat(blur1,192));colormap(gray(256));
title('传统 DCT 钝化图像');
axis square;
subplot(133);image(wcodemat(blur2,192));colormap(gray(256));
title('小波变换钝化图像');
axis square;
```

图像钝化，程序【3】运行结果如图 5.6 所示。

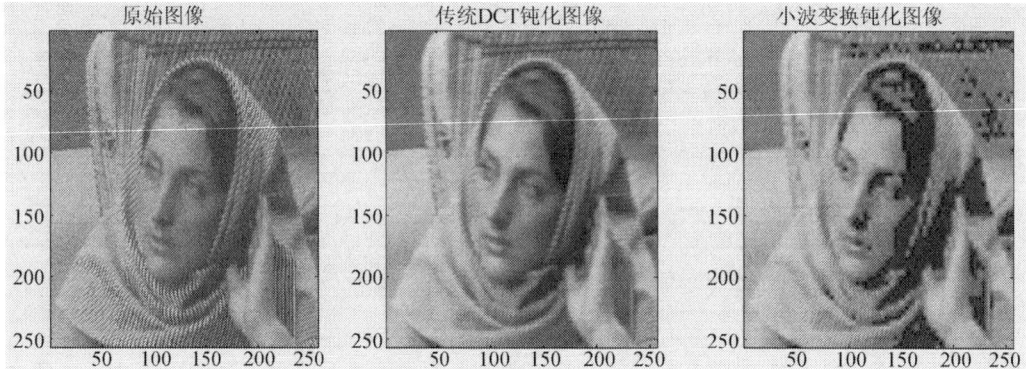

图 5.6　传统 DCT 钝化与小波变换钝化

由图 5.6 可以看出，采用 DCT 在频域做滤波的方法得到的钝化结果更为平滑，这是因为其分别率最高，而小波变换得到的结果在很多地方存在不连续的现象，这是因为对系数做抑制或放大时在阈值两侧有间断，并且分解层数很低，只进行了 2 层分解，并没有完全分离出图像中频域部分的信息。而且在做系数抑制或放大的时候，采用的标准是根据系数绝对值的大小，并没有完全体现出其位置信息，但是在小波系数中，就很容易在处理系数的过程中加入位置信息。

5.2.4　基于小波变换的图像锐化

1. 图像锐化

图像锐化与图像钝化处理原理是相反的，图像锐化的任务是突出图像的高频信息，抑制其低频信息，从快速变化的成分中分离出标识系统特性或区分子系统边界的成分，以便于进一步的分割、识别等操作。在时域中，锐化的方法是作用掩码或做差分，同钝化一样，无论是掩码和差分都很难识别点之间的关联信息。

2. 图像锐化的 MATLAB 仿真

MATLAB 程序【4】：

```
load woman;
%对原图像做二维离散余弦变换
ff1=dct2(X);
%对变换结果在频域做巴特沃斯滤波
```

```
for i=1:256
    for j=1:256
        ff1(i,j)=ff1(i,j)/(1+(32768/(i*i+j*j))^2);
    end
end
%重建变换后的图像
blur1=idct2(ff1);   %idct2()函数实现二维离散余弦变换的逆变换
%对图像做2层的二维小波分解
[c,s]=wavedec2(X,2,'db3');
csize=size(c);
%对低频系数进行放大处理，并抑制高频系数
for i=1:csize(2);
    if(abs(c(i))<300)
        c(i)=c(i)*2;
    else
        c(i)=c(i)/2;
    end
end
%通过处理后的小波系数重建图像
blur2=waverec2(c,s,'db3');
%显示三幅图像
figure,subplot(131);image(wcodemat(X,256));colormap(gray(256));
title('原图');
axis square;
subplot(132);image(wcodemat(blur1,256));colormap(gray(256));
title('传统DCT锐化');
axis square;
subplot(133);image(wcodemat(blur2,256));colormap(gray(256));
title('小波变换锐化');
axis square;
```

图像锐化，程序【4】运行结果如图 5.7 所示。

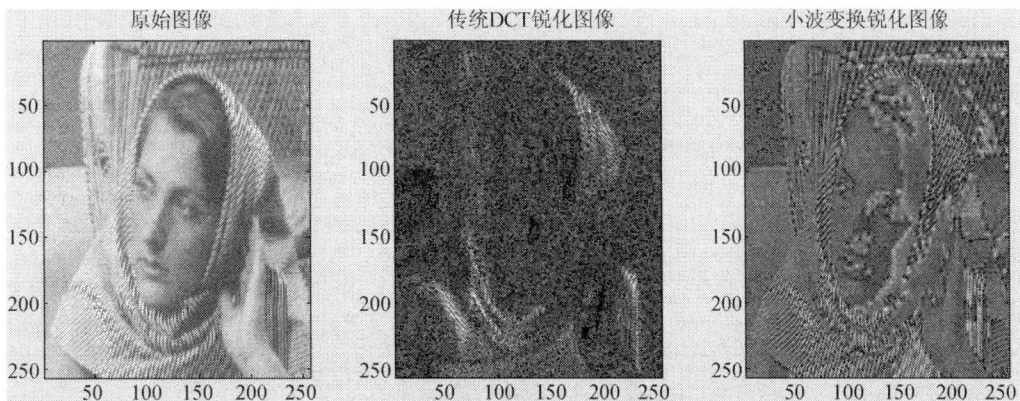

图 5.7　传统 DCT 锐化与小波变换锐化

由图 5.7 可以看出，使用 DCT 方法进行高通滤波器得到的高频结果比较纯粹，完全是原始图像上的边缘信息，因此图像非常模糊；而用小波变换得到的结果中，不只是快速变

化的高频成分，还有变换非常缓慢的低频成分，这是因为两者同样在小波系数上体现为绝对值较低的部分，但这些成分的存在对进行进一步分析并无多大影响。

5.2.5　基于小波变换的图像去噪

1. 小波变换图像去噪

小波变换图像去噪的基本思想是：由于图像和噪声经小波变换后具有不同的统计特性，图像本身的能量与幅值较大的小波系数相对应，且主要集中在高频；噪声能量则与幅值较小的小波系数相对应，并分散在小波变换后的各个系数中。利用这一特性，可以设置一个阈值门限，大于该阈值的小波系数的主要成分是有用信号，给予保留；小于该阈值的小波系数，主要成分是噪声，予以滤除，从而达到去噪目的。

而如何选取阈值并进行阈值的量化是重点。MATLAB 中提供了许多小波降噪和压缩的函数，可以查阅相关资料得知。

2. 小波变换图像低通滤波去噪的 MATLAB 仿真

MATLAB 程序【5】：

```
X = imread('lena.jpg');
Y = double(X);
%画出原始图像
subplot(221);imshow(X);
title('原始图像');
axis square
%产生含噪声图像
init=2055615866;
%产生正太分布的随机数或矩阵的函数
randn('seed',init);
x=Y+100*randn(size(Y));
%画出含噪声图像
subplot(222);imshow(x);
title('含噪声图像');
axis square;
%用小波函数 sym4 对 x 进行 2 层小波分解，输出分解向量 C 和相应的标记矩阵 S
[c,s]=wavedec2(x,2,'sym4',1);
%提取小波分解中第一层的低频图像，即实现了低通滤波去噪
a1=wrcoef2('a',c,s,'sym4');
%画出去噪后的图像
subplot(223);imshow(a1);
title('第一次去噪图像');
axis square;
%提取小波分解中第二层的低频图像，即实现了低通滤波去噪
%相当于把第一层的低频图像经过再次的低频滤波处理
a2=wrcoef2('a',c,s,'sym4',2);
%画出去噪后的图像
subplot(224);imshow(a2);title('第二次去噪图像');
axis square;
```

图像进行的小波图像阈值去噪，程序【5】运行结果如图 5.8 所示：

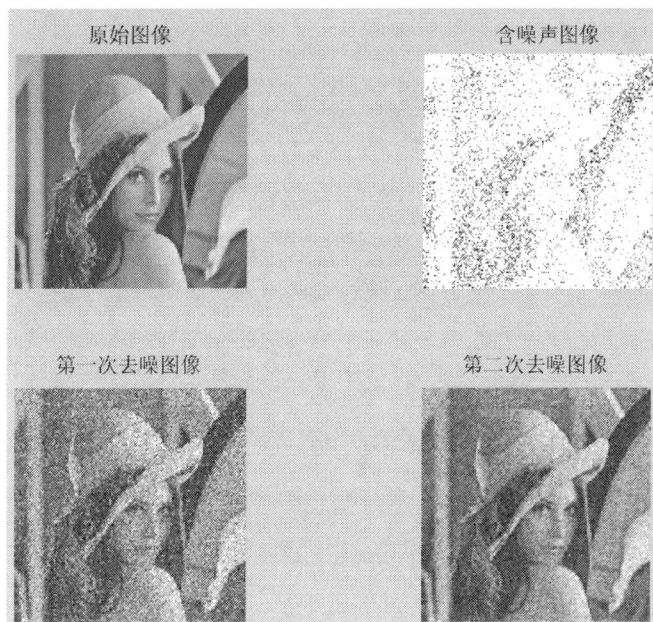

图 5.8   图像的小波图像阈值去噪

由图 5.8 可以看出，第一次去噪已经滤除了大部分的高频噪声，但第一次去噪后的图像中仍然含有很多的高频噪声；第二次去噪是在第一次去噪的基础上再次滤除其中的高频噪声。从去噪的结果可以看出，它具有较好的去噪效果。

3. 小波变换全局阈值降噪的 MATLAB 仿真

用 MATLAB 程序【6】：

```
load sinsin;
%添加噪声
init = 3718025452;
rand('seed',init);
Xnoise = X+18*(rand(size(X)));
%对图像进行 2 级分解
[C,S] = wavedec2(X,2,'sym5');
%利用 ddencmp 函数获取默认值
[thr,sorh,keepapp] = ddencmp('den','wv',Xnoise);
%使用全局阈值降噪
[Xdenoise,cxc,lxc,perf0,perf2] = wdencmp('gbl',C,S,'sym5',2,thr,sorh,
keepapp);
colormap(map);
subplot(1,3,1);
image(wcodemat(X,192));
title('原始图像');
axis square;
subplot(1,3,2);
image(wcodemat(X,192));
```

```
title('含噪声的图像');
axis square;
subplot(1,3,3);
image(Xdenoise);
title('去噪后的图像');
axis square;
```

实现对图像进行全局阈值降噪，程序【6】运行结果如图 5.9 所示：

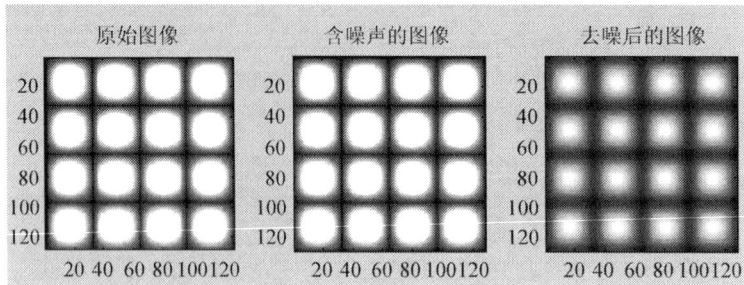

图 5.9　图像的全局阈值降噪

4. 小波变换的图像软阈值去噪和硬阈值去噪

用 MATLAB 程序【7】：

```
load belmont2;
nbc = size(map,1);
%使用 coif2 执行图像的三层分解
 wname = 'coif2';lev = 3;
[c,s] = wavedec2(X,lev,wname);
%由第一层的系数估计噪声标准差
det1 = detcoef2('compact',c,s,1);
sigma = median(abs(det1))/0.6745;
%对图像降噪，用 wbmpen 函数选择全局阈值
alpha = 1.2;
thr = wbmpen(c,s,sigma,alpha);
%使用软阈值和保存的低频信号，进行阈值降噪
keepapp = 1;
xds = wdencmp('gbl',c,s,wname,lev,thr,'s',keepapp);
%使用硬阈值和保存的低频信号，进行阈值降噪
xdh = wdencmp('gbl',c,s,wname,lev,thr,'h',keepapp);

colormap(pink(nbc));
subplot(131);
image(wcodemat(X,nbc));
title('原始图像');
axis square;

subplot(132);
image(wcodemat(xds,nbc));
title('软阈值降噪图像');
```

```
axis square;

subplot(133);
image(wcodemat(xdh,nbc));
title('硬阈值降噪图像');
axis square;
```

实现对图像软阈值去噪和硬阈值去噪，程序【7】运行结果如图 5.10 所示。

图 5.10 图像的软阈值去噪和硬阈值去噪

由图 5.10 可知，软阈值去噪后的图像相对于硬阈值去噪后的图像平滑得多，但是其可能造成边缘模糊失真，丢失一些细节信息等现象，硬阈值去噪后的图像虽然保留了图像边缘等局部特征，但会产生视觉性的失真。这是由于软阈值的收缩性和硬阈值的粗略性所造成的。

5.2.6 基于小波单支重构的图像增强

1. 利用小波变换及其单支重构实现的图像增强

在多尺度分解的基础上，直接对分解小波系数进行单支重构，得到维数相同的各层重构图。如需要得到图像低频增强信息，只需对各层低频重构信息进行处理并线性叠加，便可得到所需低频信息，且该图像各尺度上的高频信息被滤除了；相反、如需要得到高频细节信息，只需对各层高频高频信息进行处理并线性叠加，便可得到所需高频增强图像，且各尺度低频信息被滤除了。

1）对分解后各尺度小波系数在 MATLAB 下的单支重构

实现步骤：

（1）对 256*256lena.bmp 图像利用 sym4 小波进行 2 层分解，得到小波分解结构(c,l)，利用 wavedec2 函数实现；

（2）提取一层分解小波系数：131*131 低频系数,131*131 水平方向高频系数、131*131 垂直方向高频系数、131*131 对角方向高频系数；提取二层分解小波系数：69*69 低频系数、69*69 水平方向高频系数、69*69 垂直方向高频系数、69*69 对角方向高频系数，利用 appcoef2 函数提取二层分解低频系数，appcoef1 函数提取一层分解低频系数,detcoef2 函数提取二层分解个方向高频小波系数,detcoef1 函数提取一层分解各方向高频小波系数；

（3）根据以上小波分解结构和提取的小波系数使用 wrcoef2 对第 2 层分解小波系数进行单支重构，利用 wrcoef1 对第一层分解小波系数单进行支重构，得到的各层重构信息，其尺寸与原始图像尺寸大小相同，均为 256*256，在 MATLAB 下仿真结果如图 5.11 所示。

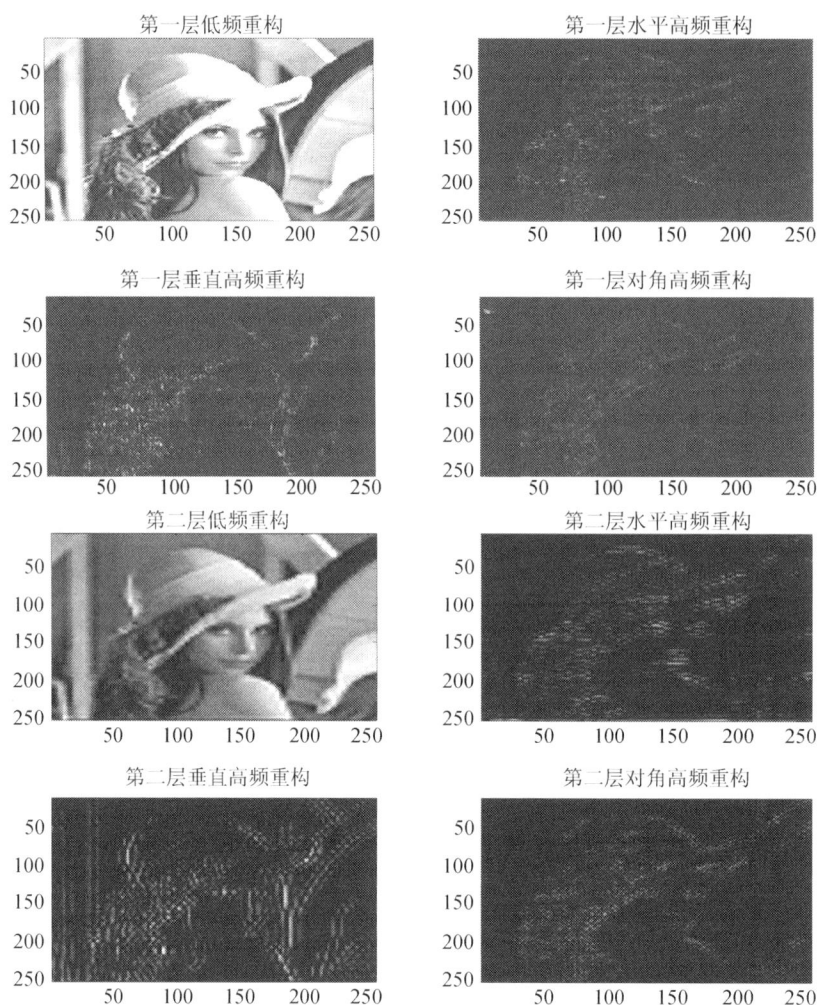

第一层低频重构 第一层水平高频重构

第一层垂直高频重构 第一层对角高频重构

第二层低频重构 第二层水平高频重构

第二层垂直高频重构 第二层对角高频重构

图 5.11 二层小波系数的单支重构图

2）分段线性增强原理

分段线性增强的主要思想是对图像实现分段增强处理，这一思想常被用于对原始图像的灰度值进行处理，本文采用这一方法对各层重构信息进行处理，公式如下：

$$y_1(x,y) = \begin{cases} \dfrac{c}{a}y(x,y) & 0 \leqslant y(x,y) \leqslant a \\ \dfrac{d-c}{b-a}[y(x,y)-a]+c & a \leqslant y(x,y) \leqslant b \\ \dfrac{m_g-d}{m_f-b}[y(x,y)-b]+d & b \leqslant y(x,y) \leqslant m_f \end{cases} \quad (5\text{-}14)$$

此公式的输入值 $y(x,y)$ 不是图像灰度值而是图像各层单支重构值，m_f 表示单支重构信息 $y(x,y)$ 的最大值，式(5-13)的算法表示各单支重构信息 $y(x,y)$ 的取值范围由 $[a,b]$ 扩展到了 $[c,d]$，实现了 $[a,b]$ 的行拉伸，对 $[0,a]$ 和 $[b,m_f]$ 的抑制。通过对式(5-13)中的参数进行调整，改变线段的斜率，可以实现对任意单支重构信息区间进行拉伸或抑制，从而凸显出图像中感兴趣的区域。

3）图像增强处理算法实现步骤

（1）在MATLAB下对图像进行多尺度小波分解，得到不同尺度下的低频系数（ca1、ca2）水平方向高频系数（ch1、ch2、ch3…）、垂直方向高频系数（cv1、cv2、cv3…）、对角方向高频系数（cd1、cd2、cd3…）。

（2）对分解后系数进行单支重构，得到各尺度下单支重构值：低频系数单支重构（a1、a2、a3…）；水平高频系数单支重构（h1、h2、h3…）；垂直高频系数单支重构（v1、v2、d3…）；对角角高频系数单支重构（d1、d2、d3…）。

（3）低频重构值进行分段线性增强并对增强后值进行加权平均。对处理后的各层重构值进行线性叠加可得到处理后图像，该图像的低频信息得到了增强，充分分离高频信息。

（4）对各层各方向高频信息进行分段线性增强后加权平均，将处理后各层个频率重构值进行线性叠加，可得到高频信息增强图像，该图像只保留细节信息，充分分离低频信息，细节信息将得到增强。

（5）对各层低频重构值进行分段线性增强并对增强后值进行加权平均，对各层各方向高频信息进行分段线性增强后加权平均，对处理后的各层重构值进行线性叠加可得低频和高频信息均得到增强的图像。

2. 实验结果及分析

1）程序

```
X=imread('lena.bmp');
X=im2double(X);
figure(1);imshow(X);
[c,s]=wavedec2(X,3,'sym4');
%提取小波分解结构中第一层低频系数和高频系数
ca1=appcoef2(c,s,'sym4',1);
ch1=detcoef2('h',c,s,1);
cv1=detcoef2('v',c,s,1);
cd1=detcoef2('d',c,s,1);
ca2=appcoef2(c,s,'sym4',2);
ch2=detcoef2('h',c,s,2);
cv2=detcoef2('v',c,s,2);
cd2=detcoef2('d',c,s,2);
a1=wrcoef2('a',c,s,'sym4',1);
h1=wrcoef2('h',c,s,'sym4',1);
v1=wrcoef2('v',c,s,'sym4',1);
d1=wrcoef2('d',c,s,'sym4',1);
a2=wrcoef2('a',c,s,'sym4',2);
h2=wrcoef2('h',c,s,'sym4',2);
v2=wrcoef2('v',c,s,'sym4',2);
d2=wrcoef2('d',c,s,'sym4',2);
ca3=appcoef2(c,s,'sym4',3);
ch3=detcoef2('h',c,s,3);
cv3=detcoef2('v',c,s,3);
cd3=detcoef2('d',c,s,3);
```

```
a3=wrcoef2('a',c,s,'sym4',3);
h3=wrcoef2('h',c,s,'sym4',3);
v3=wrcoef2('v',c,s,'sym4',3);
d3=wrcoef2('d',c,s,'sym4',3);

figure(2);
mshow(X);title('原始图像')
axis square
figure(3);
imshow(a1);title('一层低频增强图像')
figure(4);
mshow(a2);title('二层低频增强图像')
h=2*a3+a2+a1;
figure(5);imshow(h);title('各层增强后低频图像线性叠加');axis square;
[M,N]=size(h1)
for i=0:120
 for j=0:120
  h1(i.j)=60/120*h(i,j);
end
end
 for i=121:200
 for j=121:200
  h1(i.j)=300/80*[h(i,j)-120]+60;
end
end
for i=0:120
 for j=0:120
  h1(i.j)=200/100*[h(i,j)-200]+360;
end
end

 figure(6);
imshow(h1);title('一层水平细节增强图像');axis square
[M,N]=size(h1)
for i=0:120
 for j=0:120
  v1(i.j)=60/120*h(i,j);
end
end
 for i=121:200
 for j=121:200
  v1(i.j)=300/80*[h(i,j)-120]+60;
end
end
for i=0:120
```

```
  for j=0:120
    v1(i.j)=200/100*[h(i,j)-200]+360;
  end
end
figure(7);
imshow(v1);title('一层垂直细节增强图像');axis square

fi[M,N]=size(h1)
for i=0:120
  for j=0:120
    h2(i.j)=60/120*h(i,j);
  end
end
  for i=121:200
  for j=121:200
    h2(i.j)=300/80*[h(i,j)-120]+60;
  end
end
for i=0:120
  for j=0:120
    h2(i.j)=200/100*[h(i,j)-200]+360;
  end
end
gure(8);
imshow(h2);title('二层水平细节增强图像');axis square
[M,N]=size(h1)
for i=0:120
  for j=0:120
    d1(i.j)=60/120*h(i,j);
  end
end
  for i=121:200
  for j=121:200
    d1(i.j)=300/80*[h(i,j)-120]+60;
  end
end
for i=0:120
  for j=0:120
    d1(i.j)=200/100*[h(i,j)-200]+360;
  end
end

figure(9);
imshow(d1);title('一层对角细节增强图像');axis square
[M,N]=size(h1)
```

```
for i=0:120
 for j=0:120
  v2(i.j)=60/120*h(i,j);
end
end
 for i=121:200
  for j=121:200
  v2(i.j)=300/80*[h(i,j)-120]+60;
end
end
for i=0:120
 for j=0:120
  v2(i.j)=200/100*[h(i,j)-200]+360;
end
end

figure(10);
imshow(v2);title('二层垂直细节增强图像');axis square
[M,N]=size(h1)
for i=0:120
 for j=0:120
  d2(i.j)=60/120*h(i,j);
end
end
 for i=121:200
  for j=121:200
  d2(i.j)=300/80*[h(i,j)-120]+60;
end
end
for i=0:120
 for j=0:120
  d2(i.j)=200/100*[h(i,j)-200]+360;
end
end
figure(11);
mshow(d2);title('二层对角细节增强图像');axis square
y=10*v1+10*d1+10*h1+10*v2+10*d2+10*v2
figure(12);
imshow(y);title('各层增强后高频细节图像线性叠加')
axis square
A2=idwt2(2*ca1,3*ch1,3*cv1,2*cd1,'sym4');
figure(13);imshow(X);title('原始图像');axis square
figure(14);imshow(A2);
title('低频高频同时增强图像')
axis square
```

2）效果图及说明

各层低频信息集中处理增强图像如图 5.12 所示。

原始图像

一层低频增强图像

二层低频增强图像

各层增强后低频图像线性叠加

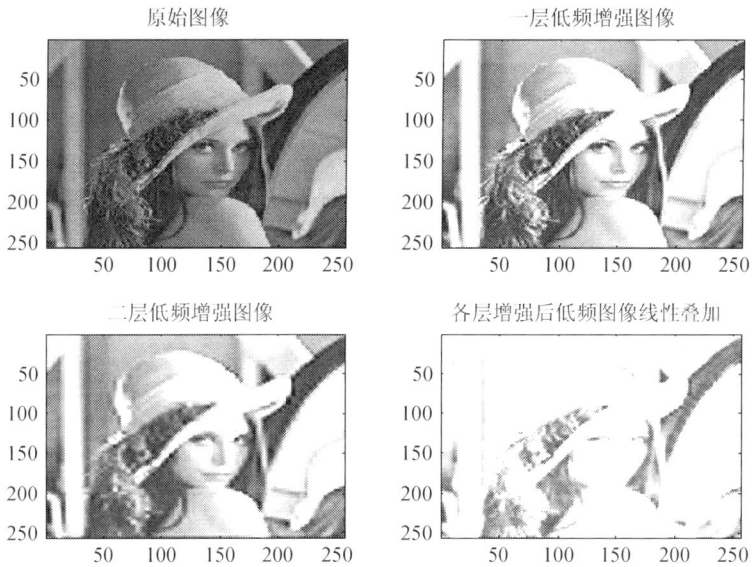

图 5.12　各层低频信息集中处理增强图像

各层高频细节信息集中处理增强图像如图 5.13 所示。

一层水平细节增强图像

一层垂直细节增强图像

二层水平细节增强图像

一层对角细节增强图像

二层垂直细节增强图像

二层对角细节增强图像

各层增强后高频细节图像线性叠加

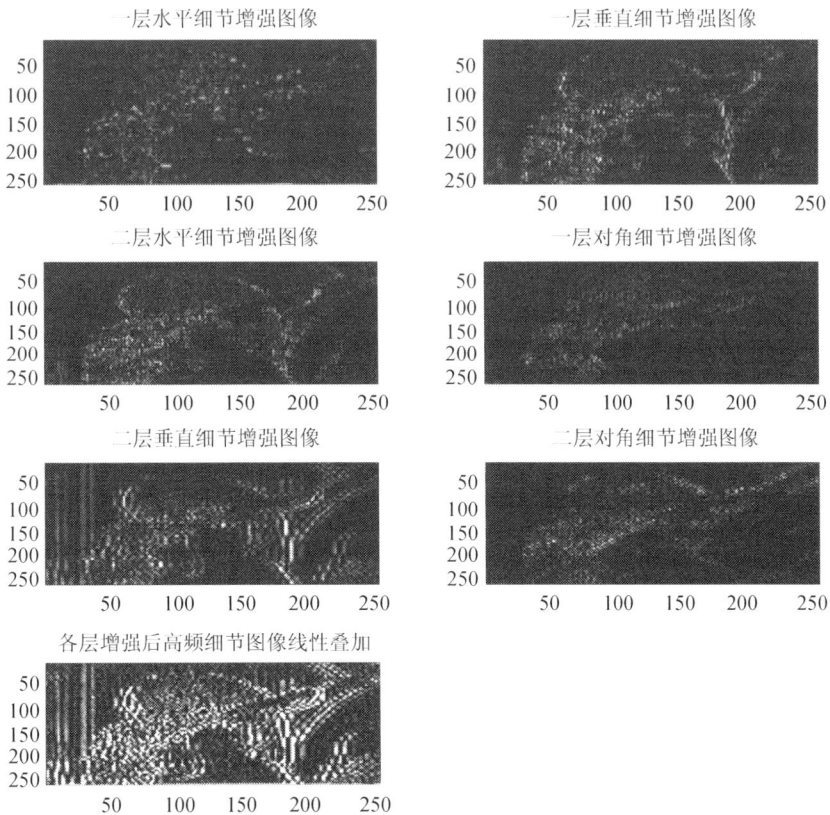

图 5.13　各层高频细节信息集中处理增强图像

高频、低频信息同时增强图像如图 5.14 所示。

图 5.14　高频、低频信息同时增强图像

　　基于算法实现步骤，对 256*256lena.bmp 图像用 sym4 小波做 2 层分解，再对各层小波分解系数做单支重构得到各层不同频率重构信息，实验中首先提取各层低频重构信息，对其做线性分段增强，得到如图 5.14 所示一层低频增强图像，二层低频增强图像，再将增强后各层低频重构信息线性叠加得到各层低频集中处理增强图像，从图中可以看出集中处理后的低频增强图像其增强效果优于一层和二层低频增强图像；与图 5.11 中的一层和二层分解重构后低频图像对比，该方法对低频信息的增强效果明显；提取各层高频细节对其分别做分段线性增强，得到如图 5.13 所示一层和二层各方向高频细节增强图像，对其线性叠加，得到得到如图 5.13 所示的各层高频细节集中处理增强图像，与图 5.11 中显示的各层各方向高频细节信息图像对比，该方法明显增强了高频细节信息；对各层低频和高频信息同时做如上所述增强处理可得到如图 5.14 所示低频高频同时增强图像，与原始对比增强后图像的轮廓信息和细节信息得到较好增强。

　　3.　算法总结

　　本章算法利用小波变换的多分辨率特点对图像在不同尺度上进行多分辨小波分解，将得到的各尺度小波系数处理后逐级重构图像，这一方法在每一尺度的重构中均包含上一尺度的低频和各方向高频信息，不利于分离低频和高频信息，提高图像增强效果；针对这一问题提出对各尺度小波分解系数单支重构的处理方法，该方法先对分解后各尺度小波低、高频系数进行单支重构，得到尺寸相同的重构信息，再采用分段线性增强技术对重构信息增强，最后将处理后的各层尺度相同的低频或高频单支重构信息线性叠加，充分分离低频和高频信息，提高图像增强效果。

第6章 人脸识别算法

伴随着计算机技术与网络技术的发展，人脸识别是目前模式识别方面的一个经典问题，其技术已经广泛用于网络技术和信息安全领域，都具有巨大的应用前景。经过大量学者的长时间研究，如今的人脸识别技术已经得到了快速发展，其中，比较经典识别方法包括：基于特征的人脸识别，基于子空间分析的人脸识别，基于几何特征的人脸识别和基于弹性图匹配的人脸识别。这些经典的算法从训练样本全局角度出发，算法复杂度高，对于姿态和光照鲁棒性差，使得这些经典的算法在应用的时候受到很大的制约，在人脸识别方面采用稀疏表示越来越多的受到研究者的注意，这主要是因为稀疏表示具有识别率高和鲁棒性强等特点。本章主要介绍 PCA 算法和基于稀疏差分和 Mean-Shift 滤波的 Retinex 人脸识别算法。

6.1 PCA 人脸识别算法

我们希望将图像原特征做某种正交变换，获得到的数据都是原数据的线性组合，从新数据中选出少数几个，使其尽可能多地表达各类模式之间的差异，又尽可能相互独立，一个常用的方法就是主成分分析(PCA)。K-L(Karhunen-Loeve)变换或主分量分析(Principal Component Analysis-PCA)，这是一种特殊的正交变换，它是重建均方误差最小意义下的最佳变换，起到了减少相关性而突出差异性的效果，在图像编码上能去除冗余的信息，也常用于一维和二维信号的数据压缩，这种变换采用主要特征对应的特征向量构成变换矩阵，保留原模式样本中方差最大的数据分量，在对高维图像编码时也起到了降维作用。由于 K-L 变换和 PCA 去相关性和降维作用，Mathew A.Turk 和 P.Pentland 依据这些特点首先把主成分分析运用到人脸识别中来。通过 K-L 变换得到高维人脸空间的投影矩阵，人脸图像都可以由这些矩阵的线性组合来表示，正是因为这些矩阵呈现人脸的形状，所以人们将这种人脸识别命名为特征脸(Eigenface)方法。

6.1.1 PCA 的理论基础

1. 主成分分析法(PCA)

PCA 算法的理论依据是 K-L 变换。这种算法的基本思想是想办法将原本众多的具有一定相关性的信息指标 X_1, X_2, $\cdots$, X_P(例如 P 个指标)，重新组成一组数目少且并不相关的综合指标 Fm 替代原来的指标。使降维后的信息不但可以最大程度的体现原变量 XP 所承载的信息，又可以保证新指标间相互无关(即就是信息的不重叠性)。

设 F_1 表示原变量的第一个线性组合所形成的主成分指标，即 $F_1 = a_{11}X_1 + a_{21}X_2 + \cdots + a_{P1}X_P$，由数学方面的知识可知，每一个主成分所提取的人脸信息量可用它的方差来度量，方差 $\mathrm{Var}(F_1)$ 越大的话，表示 F_1 承载的信息越多。其中第一主成分 F_1 所承载的信息量是最大的，因此在得到的全部线性组合中选取的 F_1 应该是

$X_1, X_2, \cdots, X_P$ 的所有线性组合中方差最大的，所以就把 F_1 叫做是第一主成分。倘若第一主成分 F_1 不足以代表原来 P 个指标承载的信息，可以再考虑提取第二个主成分指标 F_2，直到得到自己需要的充足的信息，F_1 已提取的信息就不再出现在 F_2 中，这就是 F_2 与 F_1 要独立不相关性，用数学语言表达就是其协方差 $Cov(F_1, F_2) = 0$，所以 F_2 是与 F_1 不相关的 $X_1, X_2, \cdots, X_P$ 的所有线性信息中方差最大的，所以把 F_2 叫第二主成分，依此类推构造出的 $F_1, F_2, \cdots, F_m$ 为原变量指标 $X_1, X_2, \cdots, X_P$ 第1、第2……第 m 个主成分。

$$\begin{cases} F_1 = a_{11}X_1 + a_{21}X_2 + \cdots + a_{1P}X_P \\ F_2 = a_{21}X_1 + a_{22}X_2 + \cdots + a_{2P}X_P \\ F_m = a_{m1}X_1 + a_{m2}X_2 + \cdots + a_{mP}X_P \end{cases} \tag{6-1}$$

根据以上分析得知：

（1） F_i 与 F_j 互不相关，即 $Cov(F_i, F_j) = 0$，并有 $Var(F_i) = a_i' \sum a_i$，其中 Σ 为 X 的协方差阵。

（2） F_i 是 $X_1, X_2, X_3, \cdots, X_P$ 的一切线性组合（系数满足上述要求）中方差最大者，即 F_m 是与 $F_1, F_2, \cdots, F_{m-1}$ 都不相关的 $X_1, X_2, X_3, \cdots, X_P$ 的所有线性组合中方差最大者。

$F_1, F_2, \cdots, F_m (m \leq P)$ 为构造的新变量指标，即原变量指标的第1、第2、……、第 m 个主成分。

由以上分析可见，主成分分析法的主要任务有两点：

（1） 确定各主成分 $F_i (i = 1, 2, \cdots, m)$ 关于原变量 $X_j (j = 1, 2, \cdots, P)$ 的表达式，即系数 $a_{ij} (i = 1, 2, \cdots, m; j = 1, 2, \cdots, P)$。从数学上可以证明，原变量协方差矩阵的特征根是主成分的方差，所以前 m 个较大特征根就代表前 m 个较大的主成分方差值；原变量协方差矩阵前 m 个较大的特征值 λ_i（这样选取才能保证主成分的方差依次最大）所对应的特征向量就是相应主成分 F_i 表达式的系数 a_i，为了加以限制，系数 a_i 启用的是 λ_i 对应的单位化的特征向量，即有 $a_i' a_i = 1$。

（2） 计算主成分载荷，主成分载荷是反映主成分 F_i 与原变量 X_j 之间的相互关联程度：$P(Z_k, X_i) = \sqrt{\lambda_k} a_{ki} (i = 1, 2, \cdots, P; k = 1, 2, \cdots, m)$。

2. PCA 算法的统计特性

采用 PCA 对原始数据进行处理，通常有三个方面的作用：降维、相关性去除和概率的估计。如 6.2.1 中所描述的那样，特征值的分布特点如图 6.1 所示。

3. 离线学习和在线匹配

人脸识别系统的构建及使用常由两个过程来完成，即离线学习和在线匹配。离线学习是利用作为训练样本的人脸图像，从中提取公共的特征，建立训练样本的特征子空间，使系统具有描述已有类别图像的能力，为在线匹配打下基础。在线匹配是要从输入的待识别人脸图像中提取相应的特征，将这些特征与离线学习的特征进行匹配，从而可借此将输入图像和训练图像建立联系，并将输入图像归入到某个训练图像类别中，如图 6.2 所示。

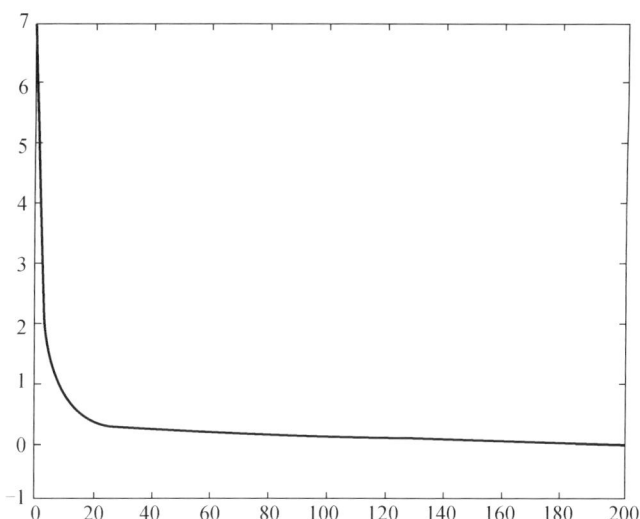

图 6.1　特征值的分布

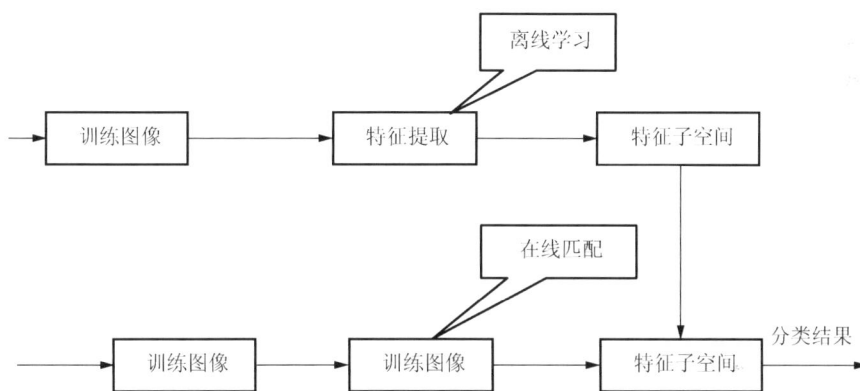

图 6.2　即离线学习和在线匹配流程图

6.1.2　PCA 人脸识别算法步骤

1. 训练过程

（1）构造训练样本集，即从人脸图像目录中读取多个人脸图像到训练样本集中，构造矩阵 X。

（2）计算这些图像的平均值 μ。

（3）计算协方差矩阵 $C = E\left[(x-\mu)(x-\mu)^{\mathrm{T}}\right]$。

（4）计算特征值和特征向量：$[V,D] = \mathrm{eig}(C)$。

（5）按特征值从大到小排序，选择前几个最大的特征值对应的 U_i 作为变换矩阵 W。

（6）把所有训练样本做变换 $y = W^{\mathrm{T}}X$，保留系数 y。

识别过程：

（1）读取一幅待识别图像。

（2）求取该图像相对于平均脸差值图像。

（3）求差值图像在各特征向量上的投影，对新样本也作变换，通过计算欧式距离看与哪个 y 最接近，最近者则判为那一类。

（4）与实际比较确定是否识别正确，统计识别率。

图解如图 6.3 所示：

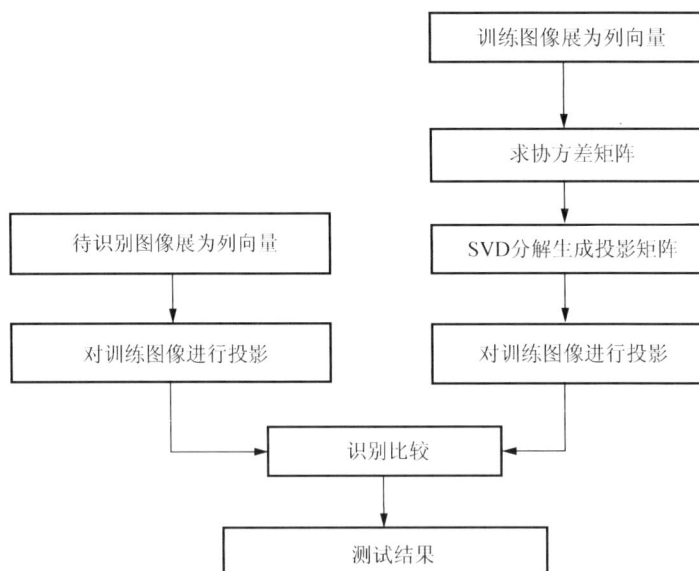

图 6.3　人脸识别流程

2. 问题的描述

我们可以把一幅图像看作一个由像素值组成的矩阵，也可以扩展开，看成一个矢量，如一幅 $N*N$ 象素的图像可以视为长度为 N^2 的矢量，这样就认为这幅图像是位于 N^2 维空间中的一个点，这种图像的矢量表示即就是原始的图像空间，但是这个空间仅是可以表示或者检测图像的许多个空间中的一个。不管子空间的具体形式如何，这种方法用于图像识别的基本思想都是一样的，首先选择一个合适的子空间，图像将被投影到这个子空间上，然后利用对图像的这种投影间的某种度量来确定图像间的相似度，最常见的就是各种距离度量。

3. K-L 变换

PCA 方法是由 Turk 和 Pentlad 提出来的，它的基础就是 Karhunen-Loeve 变换（简称 K-L 变换），是一种常用的正交变换。下面我们首先对 K-L 变换作一个简单介绍：

假设 X 为 n 维的随机变量，X 可以用 n 个基向量的加权和来表示：

$$X = \sum_{i=1}^{n} a_i \phi_i \tag{6-2}$$

式中，a_i 是加权系数；ϕ_i 是基向量。此式还可以用矩阵的形式表示：

$$X = (\phi_1 \phi_2, \cdots, \phi_n) \begin{pmatrix} a_1 \\ a_2 \\ \vdots \\ a_n \end{pmatrix} = \phi a \tag{6-3}$$

取基向量为正交向量，即

$$\phi_i \phi_j = \begin{cases} 1 & i = j \\ 0 & i \neq j \end{cases} \Rightarrow \phi^T \phi = I \tag{6-4}$$

则系数向量为：

$$a = \phi^T X \tag{6-5}$$

综上所述，K-L 展开式的系数可用下列步骤求出：

步骤一：求随机向量 X 的自相关矩阵 $R = E[X^T X]$ 由于没有类别信息的样本集的均值向量，常常没有意义，所以也可以把数据的协方差矩阵 $C = E[(x - \mu)(x - \mu)^T]$ 作为 K-L 坐标系的产生矩阵，这里 μ 是总体均值向量。

步骤二：求出自相关矩阵或协方差矩阵 R 的本征值 λ_i 和本征向量 $\phi_i = (\phi_1, \phi_2, ..., \phi_n)$。

步骤三：展开式系数即为 $a = \phi^T X$。

K-L 变换的实质是建立了一个新的坐标系，将一个物体主轴沿特征矢量对齐的旋转变换，这个变换解除了原有数据向量的各个分量之间相关性，从而有可能去掉了那些带有较少信息的 坐标系以达到降低特征空间维数的目的。

4. 利用 PCA 进行人脸识别

完整的 PCA 人脸识别的应用包括以下几个步骤：人脸图像预处理；读入人脸库；训练形成特征子空间(在这个过程中包含特征提取，降维等步骤)；把训练图像和测试图像投影到上一步骤中得到的子空间上；选择一定的距离函数进行识别。

1）读入人脸库

归一化人脸库后，将库中的每人选择一定数量的图像构成训练集，其余构成测试集。设归一化后的图像是 $n*m$，按列相连就构成 $N=n*m$ 维矢量，可视为 N 维空间中的一个点，可以通过 K-L 变换用一个低维子空间描述这个图像。

2）训练形成特征子空间

（1）所有训练样本的协方差矩阵可表示为以下形式(以下三个等价)：

$$C_A \left(\sum_{k=1}^{M} X_K \cdot X_K^T \right) M - m_X \cdot m_X^T$$
$$C_A (A \cdot A^T) / M \tag{6-6}$$
$$C_A \left[\sum_{k=1}^{M} (x_i - m_x)(x_i - m_x)^T \right]$$

式中，$A = \{\phi_1, \phi_2, ..., \phi_m\}$；$\phi = x_i - m_x$；$m_x$ 是平均人脸；M 训练人脸数；协方差矩阵 C_A 是一个 $N*N$ 的矩阵；N 是 x_i 的维数。为了方便计算特征值和特征向量，一般选用第 2 个公式。根据 K-L 变换原理，我们所求的新坐标系即由矩阵 $A \cdot A^T$ 的非零特征值所对应的特征向量组成。直接求 $N*N$ 大小矩阵 C_A 的特征值和正交归一特征向量是很困难的，根据奇异值分解原，可以通过求解 $A^T \cdot A$ 的特征值和特征向量来获得 $A^T \cdot A$ 的特征值和特征向量.

计算得到 C_A 的所有非零特征值 $[\lambda_0, \lambda_1, \cdots, \lambda_{r-1}]$ (从大到小排序，$1 \leq r \leq M$) 及其对应的单位正交特征向量 $[u_0, u_1, \cdots, u_{r-1}]$ 后，可以得到特征空间

$$U = [u_0, u_1, \cdots, u_{r-1}] \in \mathcal{R}^{N*r} \tag{6-7}$$

从而可以计算一张图片 X 在特征空间上的投影系数(也可以理解为 X 在空间 U 中的坐标)：

$$Y = U^T * X \in \mathcal{R}^{r*1} \tag{6-8}$$

（2）奇异值分解（SVD），求解特征值。

设 A 是秩为 r 的 $m*n(m \gg n)$ 维矩阵，则存在两个正交矩阵和一个对角阵：

$$A = [a_1, a_2, \cdots a_r] = U \wedge V^T \tag{6-9}$$

式中，$U = [u_0, u_1, \cdots, u_{r-1}]$，$v = [v_0, v_1, \cdots, v_{r-1}]$，$\wedge = \text{diag}(\lambda_0, \lambda_1, \cdots, \lambda_{r-1})$，且 $UU^T = 1$，$VV^T = 1$，λ_i 呈降序排列。其中 λ_i^2 为 $AA^T \in \mathcal{R}^{m*m}$ 和 $AA^T \in \mathcal{R}^{n*n}$ 的非零特征值，u_i 和 v_i 分别是 AA^T 和 A^TA 对应于 λ_i^2 的特征向量。可得一个推论：

$$U = AV\wedge^{-1} \tag{6-10}$$

可以计算 AA^T 的特征值 λ_i^2 及相应的正交归一特征向量 V_i 后，可由推论知 AA^T 的正交归一特征向量注意，协方差矩阵 $C_A = (A \cdot A^T)/M$ 的特征值为：λ_i^2/M。

（3）降维（利用小矩阵计算大矩阵特征向量）。

高阶矩阵的特征向量可以转化为求低阶矩阵的特征向量：

设：A 是秩为 r 的 $m*n(m \gg n)$ 维矩阵，$C_x = AA^T \in \mathcal{R}^{m*m}$，是一个矩阵，现在要求 C_x 的特征值及特征向量，可通过先求小矩阵 $A^TA \in \mathcal{R}^{n*n}$ 的特征向量 $[V_0, V_1, \cdots, V_{r-1}]$ 和特征值 $[\lambda_0, \lambda_1, \cdots, \lambda_{r-1}]$，两者之间有以下关系：

$$A^TAV_i = \lambda_i \cdot v_i \cdot AA^T(A \cdot V_i) = \lambda(A \cdot V) \tag{6-11}$$

结论：计算出协方差矩阵的特征向量，特征值的结果是一致的，只是要注意特征值要除以 M，特征向量要单位化。

3）识别

首先应该把所有训练图片进行投影，然后对于测试图片也进行同样的投影，采用判别函数对投影系数进行识别。

6.1.3 PCA 算法实现

本实验采用的是是英国剑桥大学 Oliveut 研究所制作的 ORL（Oliveut Reesarhc Lbaoratoyr）人脸数据库。该数据库包括 40 个不同人，每人 10 幅图像，共 400 幅。每幅原始图像 256 个灰度级，分辨率是 112×92。ORL 人脸图像是在不同时间、不同视角、各种表情条件下拍摄的。其中的部分如图 6.4 所示：

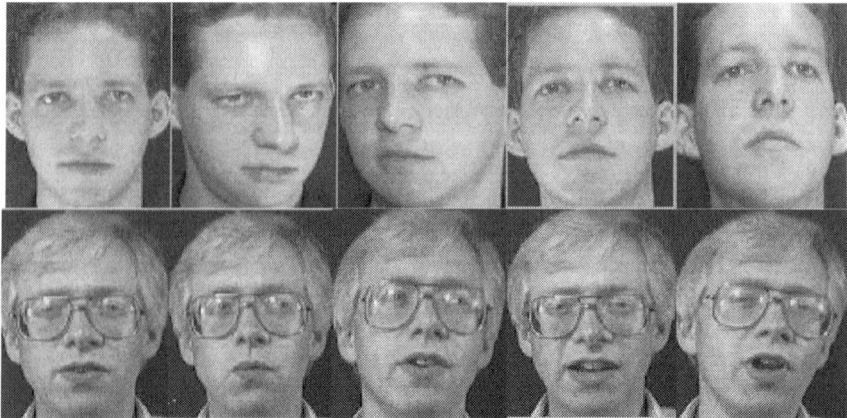

图 6.4　ORL 数据库部分人脸图像

图 6.4　ORL 数据库部分人脸图像(续)

1．特征脸提取

$U = [u_0, u_1, \cdots, u_{r-1}]$ 中的每一个单位向量都构成一个特征脸，如图 6.5 所示。由这些特征脸所组成的空间称为特征脸子空间，需要注意对于正交基的选择的不同考虑，对应较大特征值的特征向量(正交基)也称主分量，用于表示人脸的大体形状，而对应于较小特征值的特征向量则用于描述人脸的具体细节，或者从频域来看，主分量表示了人脸的低频部分，而次分量则描述了人脸的高频部分。

特征脸提取的源代码如下(EigenFace.m)：

```
% FaceRec.m
allsamples=[];
for i=1:40
    for j=1:5
        a=imread(strcat('D:\Program  Files\MATLAB\R2009a\work\face_photo_lib\
ORL\s',num2str(i),'\',num2str(j),'.pgm'));
        b=a(1:112*92);
        b=double(b);
        allsamples=[allsamples; b];
    end
end
samplemean=mean(allsamples);
for i=1:200 xmean(i,:)=allsamples(i,:)-samplemean;
end;

sigma=xmean*xmean';
[v d]=eig(sigma);
d1=diag(d);
dsort = flipud(d1);
vsort = fliplr(v);
dsum = sum(dsort);
dsum_extract = 0;
    p = 0;
    while( dsum_extract/dsum < 0.9)
        p = p + 1;
        dsum_extract = sum(dsort(1:p));
    end

i=1;
base = xmean' * vsort(:,1:p) * diag(dsort(1:p).^(-1/2));

allcoor = allsamples * base;
```

```matlab
        accu = 0;
        for i=1:40
            for j=6:10
                a=imread(strcat('D:\Program Files\MATLAB\R2009a\work\face_photo_lib\
ORL\s',num2str(i),'\',num2str(j),'.pgm'));
                b=a(1:10304);
                b=double(b);
                tcoor= b * base;
                for k=1:200
                        mdist(k)=norm(tcoor-allcoor(k,:));
                    end;
            [dist,index2]=sort(mdist);
                class1=floor( (index2(1)-1)/5 )+1;
                    class2=floor((index2(2)-1)/5)+1;
                class3=floor((index2(3)-1)/5)+1;
                    if class1~=class2 && class2~=class3
                    class=class1;
                elseif class1==class2
                    class=class1;
                elseif class2==class3
                    class=class2;
                end;
                if class==i
                    accu=accu+1;
                end;
            end;
        end;
        accuracy=accu/200

        allsamples=[];
        for i=1:40
            for j=1:5
                a=imread(strcat('D:\Program
        Files\MATLAB\R2009a\work1\face_photo_lib\ORL\s',num2str(i),'\',num2str(
j),'.pgm'));
                b=a(1:112*92);
                b=double(b);
                allsamples=[allsamples; b];
            end
        end
        samplemean=mean(allsamples);
        for i=1:200
        xmean(i,:)=allsamples(i,:)-samplemean;
        end;
        sigma=xmean*xmean';
        [v d]=eig(sigma);
        d1=diag(d);
        dsort = flipud(d1);
        vsort = fliplr(v);
        dsum = sum(dsort);
        dsum_extract = 0;
            p = 0;
```

```
    while( dsum_extract/dsum < 0.9)
        p = p + 1;
        dsum_extract = sum(dsort(1:p));
    end

p = 199;
dsort(i)^(1/2);
base = xmean' * vsort(:,1:p) * diag(dsort(1:p).^(-1/2));
for k=1:p
    temp = reshape(base(:,k), 112,92);
        newpath = strcat('D:\Program Files\MATLAB\R2009a\work1\face_
photo_lib\test\' ,num2str(k), '.pgm');
    imwrite(mat2gray(temp), newpath);
 end

avg = reshape(samplemean, 112,92);
imwrite(mat2gray(avg), 'D:\Program Files\MATLAB\R2009a\work1\face_photo_
lib\test\average.pgm');

save('D:\Program  Files\MATLAB\R2009a\work1\face_photo_lib\ORL\model.mat',
'base', 'samplemean');
```

用 PCA 算法得到的 40 张特征脸如图 6.5：

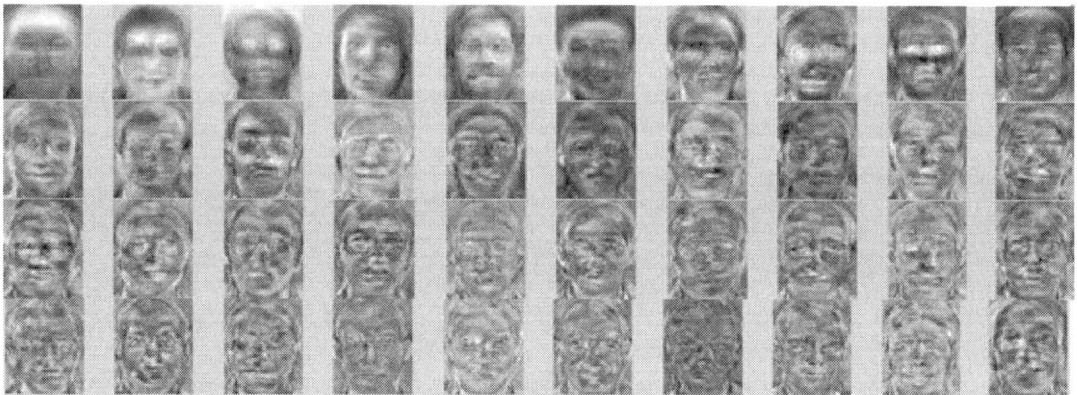

图 6.5　40 张特征脸

2. 图片重建

要进行图片 X 的重建，首先对 X 投影到特征空间上，得到系数 $Y = U^{\mathrm{T}}(X - m_x)$，然后选用一部分系数与特征向量进行原始图片的重建：$X^{'} = m_x + U(1:t) * Y(1:t)$，其中 $1:t$ 表示取前 t 个元素。

人脸重建的源代码如下（reconstruct.m）：

```
load 'D:\Program Files\MATLAB\R2009a\work1\face_photo_lib\ORL\model.mat';
img = 'D:\Program Files\MATLAB\R2009a\work1\face_photo_lib\test2\1.pgm';
a=imread(img);
b=a(1:112*92);
b=double(b);
b=b-samplemean;
```

```
c = b * base;
t = 15;
temp = base(:,1:t) * c(1:t)';
temp = temp + samplemean';
imwrite(mat2gray(reshape(temp, 112,92)),'D:\Program Files\MATLAB\R2009a\
work1\face_photo_lib\test2\t1.pgm');
t = 50;
temp = base(:,1:t) * c(1:t)';
temp = temp + samplemean';
imwrite(mat2gray(reshape(temp, 112,92)),'D:\Program Files\MATLAB\R2009a\
work1\face_photo_lib\test2\t2.pgm');
t = 100;
temp = base(:,1:t) * c(1:t)';  imshow(a); temp = temp + samplemean';
imwrite(mat2gray(reshape(temp, 112,92)),'D:\Program Files\MATLAB\R2009a\
work1\face_photo_lib\test2\t3.pgm');
t = 150;
temp = base(:,1:t) * c(1:t)';
temp = temp + samplemean';
imwrite(mat2gray(reshape(temp, 112,92)),'D:\Program Files\MATLAB\R2009a\
work1\face_photo_lib\test2\t4.pgm');
t = 199;
temp = base(:,1:t) * c(1:t)';
temp = temp + samplemean';
imwrite(mat2gray(reshape(temp, 112,92)),'D:\Program Files\MATLAB\R2009a\
work1\face_photo_lib\test2\t5.pgm');
```

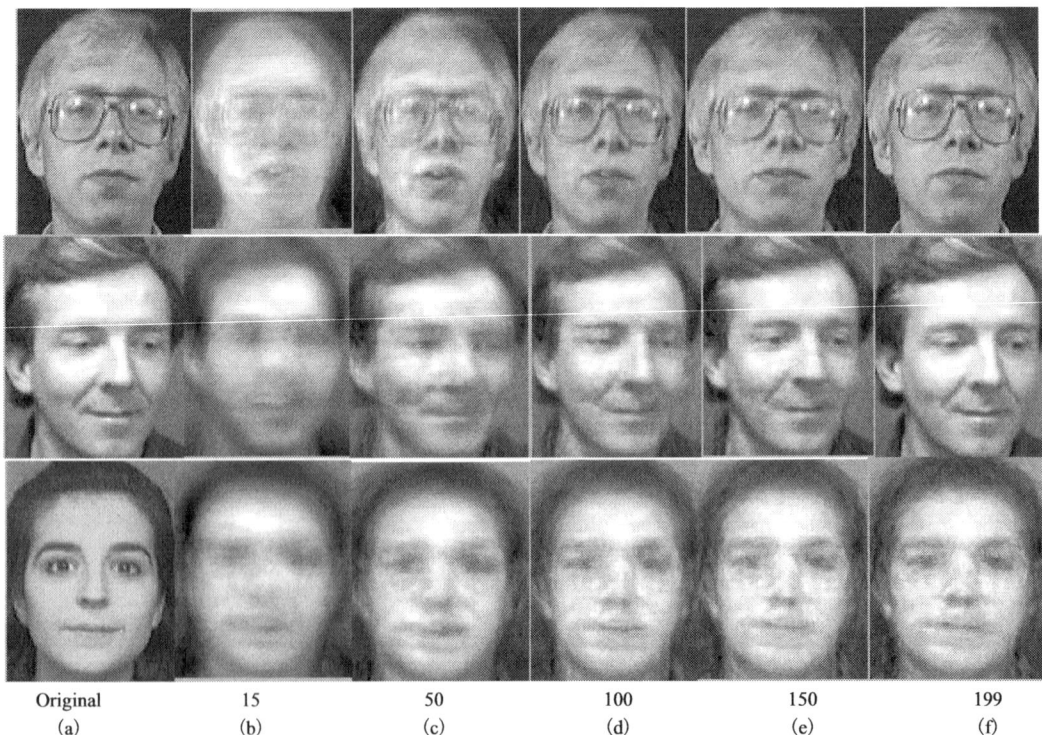

| Original | 15 | 50 | 100 | 150 | 199 |
| (a) | (b) | (c) | (d) | (e) | (f) |

图 6.6   人脸图像重建

注：第一列图片是输入原始图，其他列图片是重建结果，数字表示 t 的数目

在图 6.6 中，其中前两张图片来自训练样本，第 3 张来自测试样本，可以看到对于训练样本，PCA 系数可以对图片实现很好重建，而对于训练样本以外的图片重建效果很差。

图片标准化通常是一个整体概念，要求把图片归一到均值为 0，方差为 1 下情况下。这个概念类似于一般正态分布向标准正态分布的转化。

6.1.4 PCA 方法的优点

由于 PCA 方法在降维和特征提取方面的有效性，在人脸识别领域得到广泛的应用。

（1）最小均方误差。PCA 是在均方误差最小意义下的最优正交分解方法，因此用 PCA 进行信号压缩能够得到最大的信噪比。

（2）降维。由于基函数的个数往往远小于信号的维数，因此 PCA 变换能够大大降低数据的表示维数。这对模式识别中的特征提取非常有利。

（3）消除冗余。在基函数上的投影系数彼此之间是不相关的。分解函数/合成函数相同。分解函数（Analysis Function）作用于输入信号，得到信号的编码；合成函数（Synthesis Function）作用于信号的编码，得到原始信号。如果图像的分解和合成采用线性模型，则分解函数 Φ_i 和合成函数 Φ_i 是和输入信号具有相同维数的向量，它们可以表示为：

$$a_i = \phi_i^{\mathrm{T}} I, I = \sum_i a_i \phi_i \tag{6-12}$$

6.2 基于稀疏差分和 Mean-Shift 滤波的 Retinex 算法在人脸识别中的应用

在稀疏表示的人脸识别方面，越精确的稀疏表示求解效果、识别效果越真实，但是人脸图像变化敏感的问题仍然存在，为了克服这个问题，本文提出了基于改进的 Retinex 算法与稀疏表示的人脸识别方法，首先，通过改进的 Retinex 算法对人脸图形进行分析，分解出人脸识别因子，从而得到正面虚拟人脸，其次，在利用稀疏表示在虚拟人脸上对人脸进行识别，本文的方法有效地解决了人脸识别的问题，同时对人脸识别问题也具有很好的鲁棒性。

6.2.1 人脸图像的稀疏表示

1. 稀疏表示

基于稀疏表示人脸图像识别的基本原理的是通过求解 l_1 的最小化将人脸图像表示为训练人脸图像构成字典的稀疏线性组合。通过稀疏编码的概念，将通过判断测试图像的相应特征与训练字典中各类系数来进行重新组建后完成识别。假设训练样本中一共存储了 N 张不同的人脸，设定 $X_i = \{x_{i,1}, x_{i,2}, \cdots, x_{i,n}\}$ 来表示训练样本中的第 i 张人脸对象，包含了 n 个人脸样本图像，$x_{i,j}$ 是第 i 个人脸对象的第 j 个样本。设定 $X_i \in R^{m \ast n}$，$x_{i,j}$ 构成了一个 m 列向量，假设测试样本 $y \in R_i^m$ 表示第 i 个人脸对象，因此，y 由 X 中的样本图像线性表示，如式（6-13）所示：

$$y = A_i \alpha_i \tag{6-13}$$

其中，$\alpha_i = [\alpha_{i,1}, \alpha_{i,2}, \cdots, \alpha_{i,n}]^{\mathrm{T}} \in R^{in}$ 表示稀疏，将 N 个不同对象的人脸样本中的 n 个训练样本

组成训练字典 $A=[A_1,A_2,\cdots,A_n]$，公式(6-14)可以写成训练样本的线性表示：

$$y = A\alpha \tag{6-14}$$

理论上来说 α 应该只与训练样本中的某一种测试样本有关，对应的表征系数是非 0，而非 0 可以与单个目标的 A_1 的值进行联系，从而快速找到与该目标匹配的样本图像，但是有一个不容忽视的问题，就是受到噪声和模型误差的影响，会引起待测样本的部分非相关的类别表征系数出现的非 0 的元素，而这些元素与多个目标联系，因此每个目标的训练图像与系数关联的程度来对 y 进行分类，即：

$$f(y) = \arg\min(r_i(y))$$
$$s.t. r_i(y) = \|y - A\varphi_i(\alpha)\| \tag{6-15}$$

2. 人脸图像的非线性增强及稀疏表示

为了一步使得人脸图像的细节更加清晰，同时对图像的局部非线性增强，即有：

$$E_0(x,y) = E(x,y) + [E_n(x,y) + \varepsilon]^{\delta} \tag{6-16}$$

式中，ε 为偏移量，δ 为一常量，公式的值变大，说明将较暗的东西映射到相对小的区域中，公式值变小，就说明较暗的像素映射到相对大的区域中。

$E_n(x,y)$ 为增强局部正规化结果，计算公式为：

$$E_n(x,y) = \frac{E(x,y) - E_{\min}}{E_{\max} - E_{\min}} \tag{6-17}$$

式中，$E_{\max}$、$E_{\min}$ 分别为图像最大以及最大像素值。

但是图像非线性估计的这种方法容易导致局部图像过度清晰的可能性，而其他图像部位相对清晰不够的情况，为了避免这种情况的发生，引入稀疏表示，通过选取人脸图像细节相应特征与训练字典中各类系数来进行重新组建后完成识别。结合公式(6-15)中的稀疏表示，在公式(6-17)中进行改进，如下：

$$E_n(x,y) = \frac{\arg\min(E_i(x,y)) - E_{\min}}{E_{\max} - E_{\min}} \tag{6-18}$$
$$s.t. r_i(x,y) = \|E - AE_i(\alpha)\|$$

在公式(6-18)中，针对人脸图像的初始化细节进行稀疏表示，有效的弥补了初始化中人脸图像的局部图像的不足，避免了图像过度清晰的可能，使得人脸图像达到了均衡性。

6.2.2 人脸光照的算法改进

1. Retinex 算法原理

Retinex 理论主要是指物体颜色来自于光线的反射原理，在进行取景的时候都需要具有一定的参照物俗称为"白光参照物"，Retinex 理论认为图像的组成表达式如下：

$$F(x,y) = P(x,y) \times K(x,y) \tag{6-19}$$

式中，$F(x,y)$ 表示原始图像信号；$P(x,y)$ 表示环境周围光照条件下的照射分量，$K(x,y)$ 表示目标物体的图像反射分量。K 的值由公式(6-20)的收敛函数决定。

$$F(x,y) = K \cdot e^{-(x^2+y^2/\sigma^2)} \tag{6-20}$$

$$\iint F(x,y)\mathrm{d}x\mathrm{d}y = 1 \tag{6-21}$$

当 σ 值比较小的时候，将压缩图像，可以弥补图像原色不足之处，但从一定程度上造成了图像的颜色失真比较大，当 σ 值比较大的时候，虽然压缩性不理想，但是图像的原色保持较好。

图像第 i 个颜色分量 $I_i(x,y)$ 的 Retinex 算法输出结果 $R_i(x,y)$ 为：

$$R_i(x,y) = \lg I_i(x,y) - \lg\big[LS(x,y) * I_i(x,y)\big] \tag{6-22}$$

公式(6-22)用卷积和对数的方法帮助图像恢复原貌，$LS(x,y)$ 表示图像低滤波函数。

2. 基于 Mean-Shift 算法的人脸光照改进

要改进人脸光照，寻找低通滤波算子显得非常重要，采用 Mean-Shift 算法可以使用低通滤波算子估计的光照来反映图像的结构。算法中的迭代过程中采用原始图像的数据,其本质主要是核的中心，可以更好地克服光晕现象。Mean-Shift 算法表示如下：

$$M(x) = \frac{\sum_{i=1}^{n} K_H(x_i - x)(x_i - x)}{\sum_{i=1}^{n} K_H(x_i - x) f(x_i)} W \tag{6-23}$$

式中，其中 K_H 表示核函数，W 称为矩阵。

Mean-Shift 算法会收敛到核概率密度增大的地方，因此，Mean-Shift 算法的核变为 $\overline{f}_{h,k}(x)$：

$$\overline{f}_{h,k}(x) = \frac{c_{k,d}}{nh^d} \sum_{i=1}^{n} K_H\left(\frac{x - x_i}{w}\right) \tag{6-24}$$

采用剖面函数 $K(x) = C_{k,d} K(\|x\|^2)$ 对 $\overline{f}_{h,k}(x)$ 进行微分，即求其梯度函数：

$$\nabla \overline{f}_{h,k}(x) = \frac{2c_{k,d}}{nh^{d+2}} \left[\frac{\sum_{i=1}^{n} x_i f\left(\dfrac{x - x_i}{w}\right)}{\sum_{i=1}^{n} g\left(\dfrac{x - x_i}{w}\right)}\right] \tag{6-25}$$

式中，$g(x) = f'(x)$，根据核函数的定义可知，

$$G(x) = c_{k,d} g\left(\|x^2\|\right) \tag{6-26}$$

Mean-Shift 向量按照公式(6-26)进行改动，即为

$$T_{k,G}(x) = \frac{\sum_{i=1}^{n} x_i f\left(\left\|\dfrac{x - x_i}{w}\right\|^2\right)}{\sum_{i=1}^{n} f\left(\left\|\dfrac{x - x_i}{w}\right\|^2\right)} \tag{6-27}$$

3. 改进算法步骤

(1) 对人脸图像进行非线性增强，同时采用稀疏表示进行全局调整。

(2) 用 Mean-Shift 方法进行滤波估计，针对估计的部分换成。

$$P(x,y) = f(I_0(x,y)) \tag{6-28}$$

(3) 根据步骤(2)估计出图像识别分量，增强图像的识别效果。

(4) 对人脸图像进行识别，得到结果。

6.2.3 算法仿真

1. Yale B 人脸库

选取 Yale B 人脸图像库的正面光照人脸图像，人脸图像分成 4 个子集，具体如图 6.7 所示。

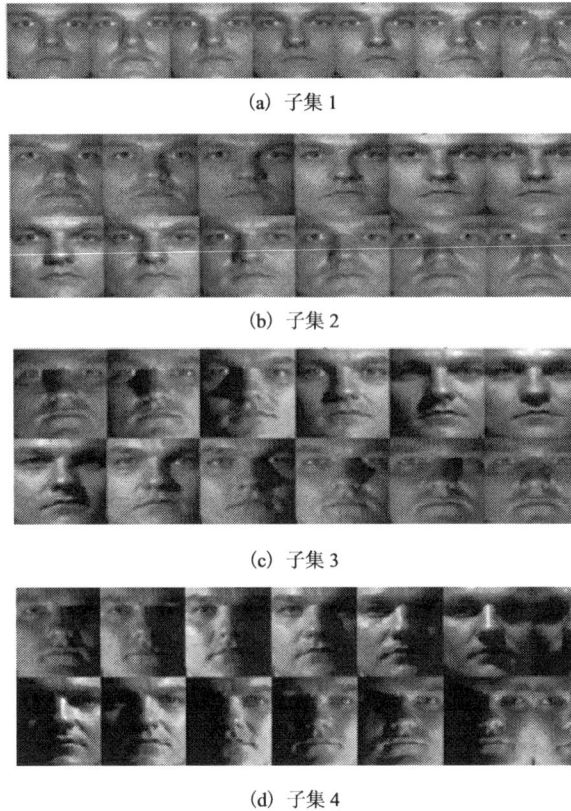

(a) 子集 1

(b) 子集 2

(c) 子集 3

(d) 子集 4

图 6.7　Yale B 的 4 个光照人脸子集

Yale B 人脸库识别正确率比较如表 6.1 所示。

表 6.1　Yale B 人脸库识别正确率比较(%)

	子集 1	子集 2	子集 3	子集 4
文献[20]算法	80.50	82.00	85.05	89.50
文献[21]算法	91.50	92.50	92.89	95.20
本文算法	99.50	99.60	99.80	99.65

2. CMU-PIE 人脸图像库

本文随机选择 65 个人的图像，每个人包含 21 种照明条件下的图像集合，同一个人在 21 种光照条件下，分为 3 个人脸子集，图像如图 6.8 所示。

(1) (2) (3) (4) (5) (6) (7)

(a) 子集 1

(8) (9) (10) (11) (12) (13) (14)

(b) 子集 2

(15) (16) (17) (18) (19) (20) (21)

(c) 子集 3

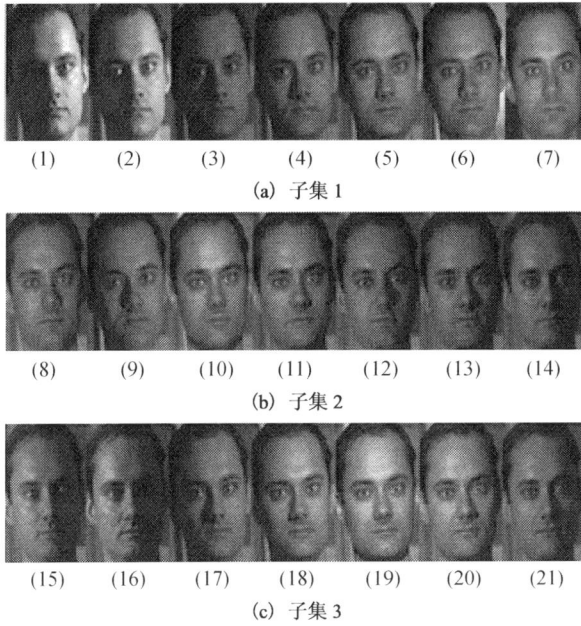

图 6.8　CMU-PIE 同一个人在 21 种光照条件下的图像

CMU-PE 人脸库识别正确率比较如表 6.2 所示。

表 6.2　CMU-PE 人脸库识别正确率比较(%)

	子集 1	子集 2	子集 3
文献[20]算法	80.50	78.00	81.05
文献[21]算法	93.50	82.50	82.89
本文算法	90.50	90.60	90.60

3. AR 人脸图像库

AR 人脸数据库包含了超过 4000 种彩色图像，都是在两周内分两次采集的，该人脸库包含了多种偏离理想条件的面部表情，本文选取了同一个人的 8 种表情，分为 2 个子集，如图 6.9 所示。

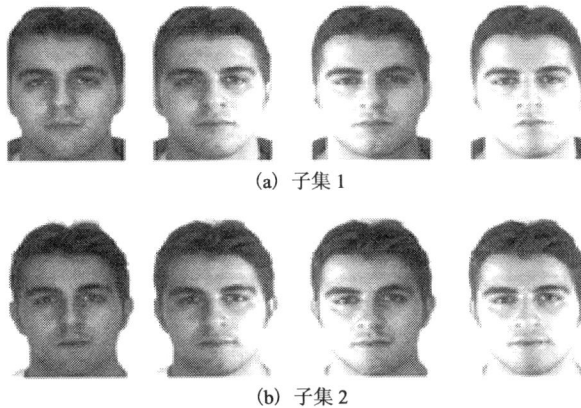

(a) 子集 1

(b) 子集 2

图 6.9　AR 同一个人在 8 种光照条件下的图像

AR 人脸库识别正确率比较如表 6.3 所示。

表 6.3 AR 人脸库识别正确率比较(%)

	子集 1	子集 2
文献[20]算法	78.50	80.00
文献[21]算法	85.50	85.60
本文算法	95.50	95.80

4. ORL 人脸库图像

选取 ORL 人脸库中在正常光照下的不同神态,不同侧面的人脸图像进行识别,如图 6.10 所示。

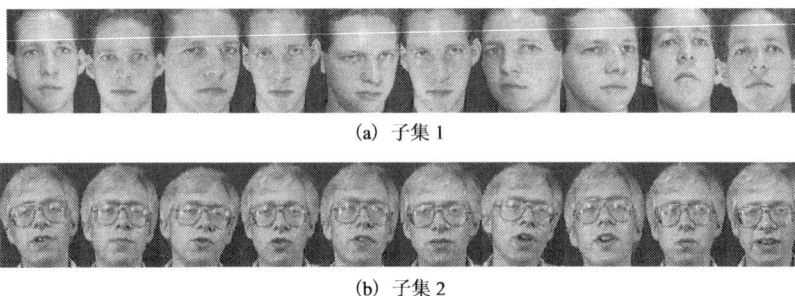

(a) 子集 1

(b) 子集 2

图 6.10 ORL 人脸库正常光照下的图像

ORL 人脸库识别正确率比较如表 6.4 所示。

表 6.4 ORL 人脸库识别正确率比较(%)

	子集 1	子集 2
文献[20]算法	93.50	93.20
文献[21]算法	94.50	94.60
本文算法	99.50	99.80

6.3 算 法 总 结

本章主要描述了基于 PCA 人脸识别算法、稀疏差分和 Mean-Shift 滤波的 Retinex 算法在人脸识别中的应用算法。主要内容归纳如下:

(1) 概述了人脸识别技术的应用及其难点,发展与现状,研究内容与主要方法,及常用的人脸识别标准人脸库。

(2) 介绍了人脸识别中会使用到的各种分类器。

(3) 详细介绍了 K-L 变换、特征脸方法(PCA)、人脸识别的流程,使用特征脸方法设计出人脸识别程序并计算出识别成功率。

(4) 在分类器的设计上,采用最近了邻分类器和三阶近邻分类器两种分类器来分类识别,并且通过实验有力地比较了识别的效果。

（5）针对人脸识别算法识别率不高的问题，本章对 Retinex 算法的人脸图像的对比度进行局部引入稀疏差分的改进，保证了人脸图像具有均匀的比较的效果，通过 Mean- Shift 平滑滤波对光照进行估计，通过对四个人脸数据库进行仿真实验，证明本文章的算法有效地提高了人脸识别效果，该算法具有一定的适用性。

人脸识别是一个包含多学科多领域的一个很有挑战性的课题，将近 30 年来，人脸识别的研究虽说也在一步一步取得些进步，但现实跟人们的感知能力还是相差甚远的。人脸识别牵扯到诸多的理论跟技术问题，本章仅仅是做了一定的探索跟尝试。我们可以在此基础上进行后续的一些研究，具体可以从下面几个方面进行思考。

首先，怎样运用各种人脸图像的特征，对静态的人脸灰度图进行相应的人脸图像预处理，继而克服光照、人的姿态和人表情改变对识别结果的影响，最终增大人脸的识别率。同时，可以很充分地利用边缘跟图像锐化的特点，使进行预处理后的人脸图像具有更好的识别效果。

其次，在人脸识别特征提取进程中，怎样更好的利用人脸图像的各类信息，例如灰度统计的信息和结构的信息，将所以可能的信息揉合起来，找到可以最大限度运用人脸图像现存信息的人脸识别法。

最后，每一种人脸识别法都具有各自的优缺点，怎样充分利用现存的人脸识别法，扩大某一种算法的优势，摒弃某一类算法的弊端，将这些优势进行有效的揉合，这也不失为以后可以探索的一个大方向。

第7章　分数阶微分图像增强算法

分数阶微分是由整数阶微分推衍而来，它包括了通常的整数阶微分运算，但又是整数阶微分运算的扩展，一般将微分阶次为非整数的微分称为分数阶微分。对于 $0 < v < 1$（$v \in R$ 为微分阶次）的分数阶微分，当高频信号被提升的同时中低频也相应有所加强，而信号甚低频幅度却没有进行大幅度衰减，得到了很好地保留，而整数阶微分却明显地削弱了甚低频信号。因此分数阶微分在处理图像时具有非线性保留图像平滑区域特征的优点。

文献(蒲亦非，2007)蒲亦非将分数阶微分引入到图像处理中，证明了分数阶微分进行图像处理的基础方法。文献(杨柱中等，2007)杨柱中提出了 Tiansi 微分算子，改进了分数阶微分模板，此后，文献(王卫星等，2010；王斌等，2012；张涌等，2012；赵建，2012)提出了很多改进的分数阶微分算法及模板，其总的思路是利用像素及其相邻像素的相关性，利用多尺度构造可实现的改进模板来提高图像边缘纹理信息的增强效果，其处理过程均在空域进行。

本章从分数阶微分的 Grümwald-letnikow 数学定义出发，推导出分数阶微分模板系数，构造分数阶微分模板，给出了分数阶微分图像增强算法步骤，程序代码及算法的图像增强效果图。结合差分维数盒理论提出了自适应分数阶微分图像增强算法，并验证了算法的可靠性和有效性。

7.1　Grümwald-letnikow 分数阶微分定义

分数阶微分有很多种时域和频域的定义。目前，分数阶微积分没有统一的时域表达式，在众多定义表达式中，主要有三种经典的分数阶微积分定义，包括：Grümwald-letnikow、Rieman-Liouville、Capotu 定义。分数阶微分 Rieman-Liouville、Capotu 定义是分数阶微分 Grümwald-letnikow 定义的改进。分数阶微分的 Grümwald-letnikow 定义可以转换为卷积计算，适合于信号处理、图像处理的应用。分数阶微积分 Rieman-Liouville 定义用于求解简单函数的解析解，Capotu 定义适合于分数阶微积分初值、边值的计算。这三种定义可以在一定条件下转换。如果分数阶微积分阶次 v 满足 $n-1 < v < n$，当函数族 $f(x)$ 的 $m+1$ 阶导数连续并且满足 $\lfloor n-1 \rfloor$，分数阶微积分 Grümwald-letnikow 的定义与分数阶微积分 Riemann-Liouville 的定义是完全等价的。在满足相同条件下，分数阶微积分的 Capotu 定义和分数阶微积分的 Grümwald-letnikow 定义等价。本章主要研究 Grümwald-letnikow 定义下的分数阶微分算法。

7.1.1　Grümwald-letnikow 数学表达式

Grümwald-letnikow 分数阶微分数学表达式：

$$ {}_{\alpha}^{G}D_t^v = \lim_{h \to 0} \frac{1}{h^v} \sum_{m=0}^{\frac{t-a}{h}} (-1)^m \frac{\Gamma(v+1)}{\Gamma(v-m+1)} f(t-mh) \tag{7-1} $$

其中 Gamma 函数：

$$ \Gamma(n) = \int_0^\infty e^{-t} t^{n-1} \mathrm{d}t = (n-1)! \tag{7-2} $$

若一元信号 $f(t)$ 的持续时间为 $t\in[a,t]$，将信号持续时间 $[a,t]$ 按单位 $h=1$ 等分，得到 $n=\left\lfloor\dfrac{t-a}{h}\right\rfloor^{h=1}=\lfloor t-a\rfloor$，可以推导出一元信号分数阶微分的差分近似表达式

$$\frac{\mathrm{d}^v f(t)}{\mathrm{d}t^v}\approx f(t)+(-v)f(t-1)+\frac{(-v)(-v+1)}{2}f(t-2)+\cdots+\frac{\Gamma(-v+1)}{n!\Gamma(-v+n+1)}f(t-n)+\cdots$$

$$(7\text{-}3)$$

这 n 个非零系数值中只有第一个的系数值是常数 "1"，其他 $n-1$ 个都是分数阶微分阶次的函数。这 n 个非零系数值按顺序分别表示为：

$$\begin{cases} a_0=1\\ a_1=-v\\ a_2=\dfrac{(-v)(-v+1)}{2}\\ a_3=\dfrac{(-v)(-v+1)(-v+2)}{6}\\ \cdots\\ a_n=\dfrac{\Gamma(-v+1)}{n!\Gamma(-v+n+1)} \end{cases}\tag{7-4}$$

另外，对于任意平方可积的能量型信号 $f(t)\in L^2(R)$，则其 v 阶分数阶微分的 *Fourier* 变换为：

$$D^v f(t)=D_v f(t)=\frac{\mathrm{d}^v f(t)}{\mathrm{d}t^v}$$

$$\beta Fourier变换$$

$$D_v F(j\omega)=(j\omega)^v F(j\omega)=d_v(j\omega)F(j\omega)\tag{7-5}$$

其中，v 阶微分算子 $D_v=D^v$ 是 v 阶微分乘子函数的乘性算子，其分数阶微分的滤波函数为

$$\begin{cases} d_v(j\omega)=(j\omega)^v=a_v(j\omega)\cdot\mathrm{e}^{j\theta_v(jw)}=a_v(j\omega)\cdot p_v(j\omega),\\ a_v(j\omega)=|\omega|^v,\\ \theta_v(j\omega)=\dfrac{v\pi}{s}\mathrm{sgn}(j\omega). \end{cases}\tag{7-6}$$

式 (7-6) 知，当 $0<v<1$ 时，在 $\omega>1$ 段，分数阶微分对于信号高频成分的加强幅随着分数值的增大而增大，因此，在 $\omega>1$ 段，图像信号的分数阶微分对于图像高频边缘成分的加强幅度将随着分阶的增大而变大。但在 $0<\omega<1$ 甚低频段，分数阶微分对低频成分进行一种非线性衰减，其幅度衰减不大。随着微分分阶数 v 的减小，分数阶微分对信号的甚低频成分的衰减幅度减小。当 $v\to0$ 时，则不进行任何衰减。有上述分析可知：分数阶微分可以用于增强图像细节边缘信息，并且在加强图像边缘细节信息的同时能够在一定程度上保留图像的低频信息。分数阶微分频率特性如图 7.1 所示。

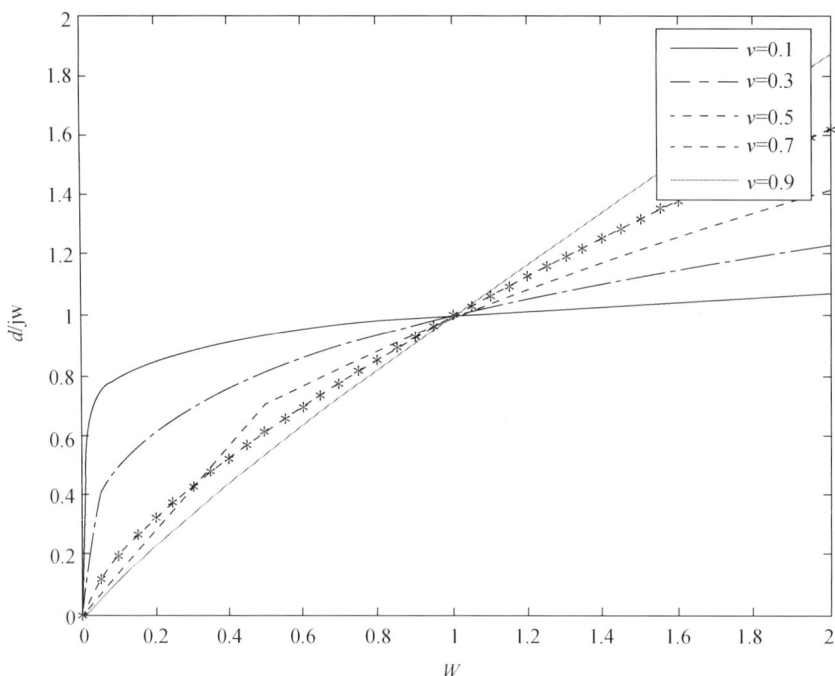

图 7.1 分数阶微分频率特性

所以，对于图像灰度变化不大的平滑区域，若采用一阶微分和二阶微分去处理，那么其中灰度变化不大的纹理细节信息必然会遭到大幅的线性衰减，其结果约等于零。因此，基于整数阶微分的传统图像边缘强化算子不能地检测出平滑区域中的纹理细节信息。而经过二维分数阶微分处理后，图像平滑区域中灰度变化不大的纹理细节信息并没有遭到大幅的线性衰减，反而在一定程度上进行了非线性保留。所以对图像信号作为分数阶微分比作二维整数阶微分更有利于强化和提取图像平滑区域中的纹理细节信息。

7.1.2 分数阶微分滤波器的构造

由式(4.3)可得二维信号 $f(x,y)$ 沿 X 和 Y 轴方向分数阶微分的差值表达为：

$$\frac{\partial f(x,y)}{\partial x} = f(x,y) + (-v)f(x-1,y) + \frac{(-v)(-v+1)}{2}f(x-2,y) +$$
$$\cdots + \frac{\Gamma(-v+1)}{n!\Gamma(-v+n+1)}f(x-n,y) + \cdots \tag{7-7}$$

$$\frac{\partial f(x,y)}{\partial y} = f(x,y) + (-v)f(x,y-1) + \frac{(-v)(-v+1)}{2}f(x,y-2) +$$
$$\cdots + \frac{\Gamma(-v+1)}{n!\Gamma(-v+n+1)}f(x-n,y) + \cdots \tag{7-8}$$

图 7.2 表示分数阶微分图像增强掩膜算子 a，该算子将式(7-7)和式(7-8)推广到图像的其余六个方向，从而得到一个基于八个方向(即 x_+, x_-, y_+, y_-，左上对角，左下对角，右上对角，右下对角八个方向)的图像增强掩膜算子(表格空白部分用 0 填充)。该增强算子具有各项旋转不变性，增强算子 a 中的滤波系数如式 7-9 所示：

$$\begin{cases} a_{d0}=1 \\ a_{d1}=-v \\ a_{d2}=\dfrac{(-v)(-v+1)}{2} \\ \cdots \\ a_{dn}=\dfrac{(-v)(-v+1)(-v+2)\cdots(-v+n-1)}{n!} \end{cases} \tag{7-9}$$

a_{dn}	$\cdots$	0	0	a_{dm}	0	0	$\cdots$	a_{dm}
0	$\cdots$	0	0	$\cdots$	0	0	$\cdots$	0
0	0	a_{d2}	0	a_{d2}	0	a_{d2}	0	0
0	0	0	a_{d1}	a_{d1}	a_{d1}	0	0	0
a_{dn}	$\cdots$	a_{d2}	a_{d1}	a_{d0}	a_{d1}	a_{d2}	$\cdots$	a_{dn}
0	0	0	a_{d1}	a_{d1}	a_{d1}	0	0	0
0	0	a_{d2}	0	a_{d2}	0	a_{d2}	0	0
0	$\cdots$	0	0	0	0	0	$\cdots$	0
a_{dn}	$\cdots$	0	0	a_{dm}	0	0	$\cdots$	a_{dm}

图 7.2　分数阶微分增强掩膜算子

7.1.3　分数阶微分的图像增强运算

根据空间滤波器的图像处理原理，图像大小 $M*N$ 待处理的图像像素点 $f(x,y)$ 位于模板的正中心 $w(0,0)$，将给出的 8 方向模板遍历整个图像后，可以得到边缘图像 $\overline{f}(x,y)$：

$$\overline{f}(x,y)=\sum_{i=-M/2}^{+M/2}\sum_{j=-N/2}^{+N/2}w(i,j)f(x+i,y+j) \tag{7-10}$$

式中，$w(i,j)$ 是滤波器系数；$f(x,y)$ 是图像像素值。

7.1.4　算法仿真

```
% 不同阶数的分数阶微分增强
a=imread(' 图.jpg');
u0=rgb2gray(a);
Figure(1),imshow(u0,[]);          %显示图像
%title('原图');
v=0            %分数阶数的读取
h=[(v^2-v)/8    (v^2-v)/8    (v^2-v)/8    (v^2-v)/8    (v^2-v)/8
   (v^2-v)/8    -v/2         -v/2         -v/2         (v^2-v)/8
   (v^2-v)/8    -v/2         4            -v/2         (v^2-v)/8
   (v^2-v)/8    -v/2         -v/2         -v/2         (v^2-v)/8
   (v^2-v)/8    (v^2-v)/8    (v^2-v)/8    (v^2-v)/8    (v^2-v)/8];
%构造的分数阶微分模板
u1=filter2(h,u0);                 %模板与原图像进行卷积
```

```
u1=double(u1);
Figure(2),imshow(u1,[]);
title('0阶微分图');
v=0.1                %分数阶数的读取
h=[(v^2-v)/8    (v^2-v)/8    (v^2-v)/8    (v^2-v)/8    (v^2-v)/8
   (v^2-v)/8    -v/2         -v/2         -v/2         (v^2-v)/8
   (v^2-v)/8    -v/2         8            -v/2         (v^2-v)/8
   (v^2-v)/8    -v/2         -v/2         -v/2         (v^2-v)/8
   (v^2-v)/8    (v^2-v)/8    (v^2-v)/8    (v^2-v)/8    (v^2-v)/8];
%构造的分数阶微分模板
u2=filter2(h,u0);                %模板与原图像进行卷积
u2=double(u2);
Figure,imshow(u2,[]);
title('0.1阶微分图');
v=0.3                %分数阶数的读取
h=[(v^2-v)/8    (v^2-v)/8    (v^2-v)/8    (v^2-v)/8    (v^2-v)/8
   (v^2-v)/8    -v/2         -v/2         -v/2         (v^2-v)/8
   (v^2-v)/8    -v/2         8            -v/2         (v^2-v)/8
   (v^2-v)/8    -v/2         -v/2         -v/2         (v^2-v)/8
   (v^2-v)/8    (v^2-v)/8    (v^2-v)/8    (v^2-v)/8    (v^2-v)/8];
%构造的分数阶微分模板
u3=filter2(h,u0);                %模板与原图像进行卷积
u3=double(u3);
Figure(4),imshow(u3,[]);
%title('0.3阶微分图');
v=0.5                %分数阶数的读取
h=[(v^2-v)/8    (v^2-v)/8    (v^2-v)/8    (v^2-v)/8    (v^2-v)/8
   (v^2-v)/8    -v/2         -v/2         -v/2         (v^2-v)/8
   (v^2-v)/8    -v/2         8            -v/2         (v^2-v)/8
   (v^2-v)/8    -v/2         -v/2         -v/2         (v^2-v)/8
   (v^2-v)/8    (v^2-v)/8    (v^2-v)/8    (v^2-v)/8    (v^2-v)/8];
%构造的分数阶微分模板
u4=filter2(h,u0);                %模板与原图像进行卷积
u4=double(u4);
Figure(5),imshow(u4,[]);
title('0.5阶微分图');
v=0.6                %分数阶数的读取
h=[(v^2-v)/8    (v^2-v)/8    (v^2-v)/8    (v^2-v)/8    (v^2-v)/8
   (v^2-v)/8    -v/2         -v/2         -v/2         (v^2-v)/8
   (v^2-v)/8    -v/2         8            -v/2         (v^2-v)/8
   (v^2-v)/8    -v/2         -v/2         -v/2         (v^2-v)/8
   (v^2-v)/8    (v^2-v)/8    (v^2-v)/8    (v^2-v)/8    (v^2-v)/8];
%构造的分数阶微分模板
u5=filter2(h,u0);                %模板与原图像进行卷积
u5=double(u5);
Figure(6),imshow(u5,[]);
title('0.6阶微分图');
v=0.7                %分数阶数的读取
```

```
h=[(v^2-v)/8    (v^2-v)/8    (v^2-v)/8    (v^2-v)/8    (v^2-v)/8
   (v^2-v)/8    -v/2         -v/2         -v/2         (v^2-v)/8
   (v^2-v)/8    -v/2         8            -v/2         (v^2-v)/8
   (v^2-v)/8    -v/2         -v/2         -v/2         (v^2-v)/8
   (v^2-v)/8    (v^2-v)/8    (v^2-v)/8    (v^2-v)/8    (v^2-v)/8];
%构造的分数阶微分模板
u6=filter2(h,u0);                    %模板与原图像进行卷积
u6=double(u6);
Figure(7),imshow(u6,[]);
title('0.7阶微分图');
v=0.9                %分数阶数的读取
h=[(v^2-v)/8    (v^2-v)/8    (v^2-v)/8    (v^2-v)/8    (v^2-v)/8
   (v^2-v)/8    -v/2         -v/2         -v/2         (v^2-v)/8
   (v^2-v)/8    -v/2         8            -v/2         (v^2-v)/8
   (v^2-v)/8    -v/2         -v/2         -v/2         (v^2-v)/8
   (v^2-v)/8    (v^2-v)/8    (v^2-v)/8    (v^2-v)/8    (v^2-v)/8];
%构造的分数阶微分模板
u7=filter2(h,u0);                    %模板与原图像进行卷积
u7=double(u7);
subplot(338),imshow(u7,[]);
title('0.9阶微分图');
v=1                  %分数阶数的读取
h=[(v^2-v)/8    (v^2-v)/8    (v^2-v)/8    (v^2-v)/8    (v^2-v)/8
   (v^2-v)/8    -v/2         -v/2         -v/2         (v^2-v)/8
   (v^2-v)/8    -v/2         4            -v/2         (v^2-v)/8
   (v^2-v)/8    -v/2         -v/2         -v/2         (v^2-v)/8
   (v^2-v)/8    (v^2-v)/8    (v^2-v)/8    (v^2-v)/8    (v^2-v)/8];
%构造的分数阶微分模板
u8=filter2(h,u0);                    %模板与原图像进行卷积
u8=double(u8);
subplot(339),imshow(u8,[]);
title('1阶微分图');
```

图 7.3 为使用图 7.2 所示 5×5 对称分数阶微分掩膜进行图像增强的实例,使用该掩膜得到的边缘图像如图 7.4 所示。

(a) 原图　　　　　　　　　　　　　　　(b) $v=0.1$

图 7.3　分数阶微分增强图

(c) v=0.3

(d) v=0.5

(e) v=0.7

(f) v=0.9

图 7.3　分数阶微分增强图(续)

(a) v=0.1

(b) v—0.3

(c) v=0.5

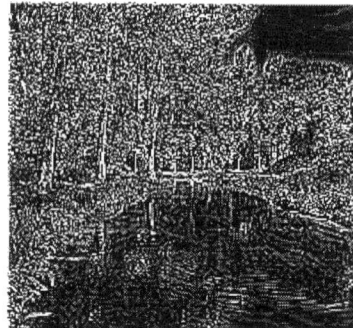

(d) v=0.7

图 7.4　分数阶微分边缘图像

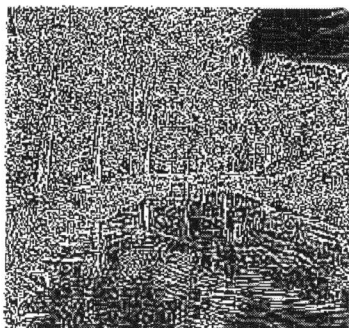

(e) *v*=0.9

图 7.4 分数阶微分边缘图像(续)

由图 7.4 可知，经过不同阶微分的增强处理，对比可知，随着微分阶数的增加，图像的锐化效果明显增加，图像的边缘信息和局部细节被加强，图像的纹理细节更加清晰。

7.2 基于图像复杂度的自适应分数阶微分算法

7.2.1 算法理论依据

1. 差分盒维数算法

Sarkar 和 Chaudhuri 提出了差分盒维数算法，算法基本思想如下：把 $M \times M$ 图像分成 $L \times L$ 子块($1 < L < M/2$)，在子块上放置大小为 $L \times L \times L'$ 的盒子，L' 是子块的高度，为了把分形维数 D 限制在[2，3]之间，L' 满足 $[G/L'] = [M/L]$，G 表示灰度级总数。假设在第 (i, j) 个方格中最小灰度值对应的垂直方向盒子编号 c，最大灰度值对应垂直方向盒子编号 d，则这个方格中图像对应的盒子数维：$n_r(i, j) = d - c + 1$。覆盖整个图像的盒子数为 $N_r = \sum_{i,j} n_r(i, j)$，

已知分数维数计算公式是 $D = \dfrac{\log(N_r)}{\log(1/r)}$，$r = \dfrac{L}{M}$，代入 N_r 后得到分形维数值 D，且 D 是分布在[2，3]之间的分数。D 表明了图像区域内灰度值得变化程度，灰度值得变化程度可以反映出图像纹理的复杂度。

2. 分数阶微分图像增强算法

1）由 Grümwald-letnikow 分数阶微分定义导出差分表达式

Grümwald-letnikow 分数阶微分定义：

$$ {}_a^R D_t^\tau = \lim_{h \to 0} \frac{1}{h^v} \sum_{j=0}^{\frac{t-a}{h}} (-1)^j \frac{\Gamma(v+1)}{j!(v-j+1)} f(t-jh) \tag{7-11} $$

其中 Gamma 函数：$\Gamma(n) = \int_0^\infty e^{-t} t^{n-1} \mathrm{d}t = (n-1)!$

若一维函数 $f(t)$ 在区间 $[a,t]$ 上有定义，对其按单位 $h=1$ 等分，可推出 $n = \left[\dfrac{t-a}{h} \right]^{h=1} = (t-a)$，则一维信号的差分表达式为：

$$\frac{\mathrm{d}^{v}f(t)}{\mathrm{d}^{v}t} \approx f(t) + (-v)f(t-1) + \frac{(-v)(-v+1)f(t-2)}{2}$$

$$+ \cdots + \frac{\Gamma(-v+1)}{n!\Gamma(-v+n+1)}f(t-n)$$

(7-12)

2）由差分表达式导出的微分模板

根据(7-12)式推倒微分模板的系数，令模板中心位置坐标为$w(0,0)$，则x轴正方向坐标为$w(1,0)$，$w(2,0)$，$w(3,0)$……；则x轴负方向坐标为$w(-1,0)$，$w(-2,0)$，$w(-3,0)$……；则y轴正方向坐标为$w(0,1)$，$w(0,2)$，$w(0,3)$……；则y轴负方向坐标为$w(0,-1)$，$w(0,-2)$，$w(0,-3)$……；模板对角方向的坐标值依次类推。根据公式(7-12)得到水平、对角、垂直八个方向模板系数值如下：

$(v^2-v)/2$	0	$(v^2-v)/2$	0	$(v^2-v)/2$
0	$-v$	$-v$	$-v$	0
$(v^2-v)/2$	$-v$	8	$-v$	$(v^2-v)/2$
0	$-v$	$-v$	$-v$	0
$(v^2-v)/2$	0	$(v^2-v)/2$	0	$(v^2-v)/2$

3）分数阶微分的图像增强运算

根据空间滤波器的图像处理原理，图像大小$M*N$待处理的图像像素点$f(x,y)$位于模板的正中心$w(0,0)$，将给出的8方向模板遍历整个图像后，可以得到边缘图像$\bar{f}(x,y)$：

$$\bar{f}(x,y) = \sum_{i=-M/2}^{+M/2} \sum_{j=-N/2}^{+N/2} w(i,j)f(x+i,y+j)$$

(7-13)

式中，$w(i,j)$是滤波器系数，$f(x,y)$是图像像素值。

7.2.2 自适应分数阶微分算法

1. 差分维数与分阶数的函数关系确定

根据图像差分维数盒计算算法计算出反映图像复杂度的差分维数D，由于D始终是分布在[2，3]之间的分数，因此采用$V=D-2$的方法确认分数阶微分算法的分数值V，实现对图像的分数阶微分运算。由于V与D是同步影射关系，即V随D的增大而增大，随D的减小而减小，因此图像的复杂度的变化程度就可以由D反映到V上，因此当图像复杂程度不同时，可以实现对不同复杂度图像的自适应分数阶微分增强。

2. 算法步骤

（1）根据图像分形理论中的的差分维数盒计算方法计算出能够代表图像复杂度的分形维数D，D值越大表明图像的灰度值变化大，也反映出图像的纹理复杂度大，D值越小表明图像的灰度值变化小，反映出图像的纹理复杂度小。

（2）根据D确定对应的分数阶微分算法的分数值V；因为D是分布在[2,3]之间的分数，因此使用$D-2$的计算来确定用于分数阶微分的分数值V，即$V=D-2$；这一计算可以保证V与D之间同步增加和同步减小的关系。

（3）在确定的分数值下采用分数阶微分算法对图像进行微分运算，达到自适应增强图像的目标。

7.2.3 仿真实验

1. 自适应算法的分数值确定

为了验证算法的可行性，任意使用三张图像进行算法的验证，根据算法步骤一和步骤二对图像的分形维数进行求解，这一值可以表明图像的复杂度，再根据算法给出的分形维数与用于分数阶微分的分数值之间的关系确定对应的分数值，原始图像如图 7.5 所示：

(a)　　　　　　　　　(b)　　　　　　　　　(c)

图 7.5　原始图像

图 7.5(a)、(b)、(c)的分阶数如表 7.1 所示：

表 7.1　分阶数列表

图　像	V
图 7.5(a)	0.5455
图 7.5(b)	0.4026
图 7.5(c)	0.5058

2. 自适应算法增强图像和边缘图像

根据算法步骤对图像进行差分维数盒计算，通过计算得到体现图像复杂度的分形维数值 D，通过映射关系，由 D 得到分数阶微分值 V，根据确定的 V 值，采用分数阶微分算法，得到增强图像，用增强的图像减去原始图像得到边缘细节图像。

(a1) 原图　　　　　　　　　(a2) 增强图像

图 7.6　图像的自适应分数阶微分增强

(a3) 边缘图像

(b1) 原图

(b2) 增强图像

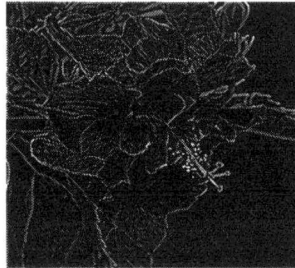

(b3) 边缘图像

(c1) 原图

(c2) 自适应增强图像

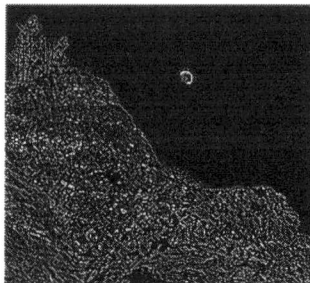

(c3) 边缘图像

图 7.6 图像的自适应分数阶微分增强(续)

图 7.6(a1)是一张风景图，图 7.6(a2)是经过自适应算法处理后的增强图像，这一图像在保留低频信息的同时增强了高频边缘细节信息，可以看出图 7.6(a2)比图 7.6(a1)更加清晰，图 7.6(a3)是高频边缘细节信息，是自适应算法计算后增强的高频信息。为了验证自适应算法的一般性，分别对图 7.6(b1)和图 7.6(c1)使用自适应算法处理，得到自适应算法增强图像图 7.6(b2)、图 7.6(b3)，自适应算法边缘图像 7.6(b2)、图 7.6(c3)。结果表明，该算法可以根据图像复杂度，自适应得出图像增强的最佳分阶数。

3. 分数阶微分算法与自适应算法边缘提取效果对比

为了验证自适应算法的优越性，将分数阶微分算法的边缘增强效果和自适应算法的边缘增强效果作了对比，图 7.7(b)～图 7.7(j)是分数阶微分增强的结果，分数微分值分别取 0.2、0.3、0.4、0.5、0.6、0.7、0.8、0.9，可以看出，当分数值取值在 0.4 以下时，高频细节信息的增强效果不明显，细节信息不清晰，随着分数值的增大，图像细节信息得到逐步增强，但当分数值取值大于 0.5 后，图 7.7(i)～图 7.7(j)表明：得到的高频信息存在伪边缘。而自适应算法根据图像复杂度得到的分数阶微分的分数值是 0.6125，在这一分数值下计算得到的边缘图像不仅清楚，而且没有伪边缘。因此，实验结果表明，自适应分数阶微分算法，根据图像复杂度来确定增强尺度，可以得到最佳增强分阶数，具有可行性和优越性。

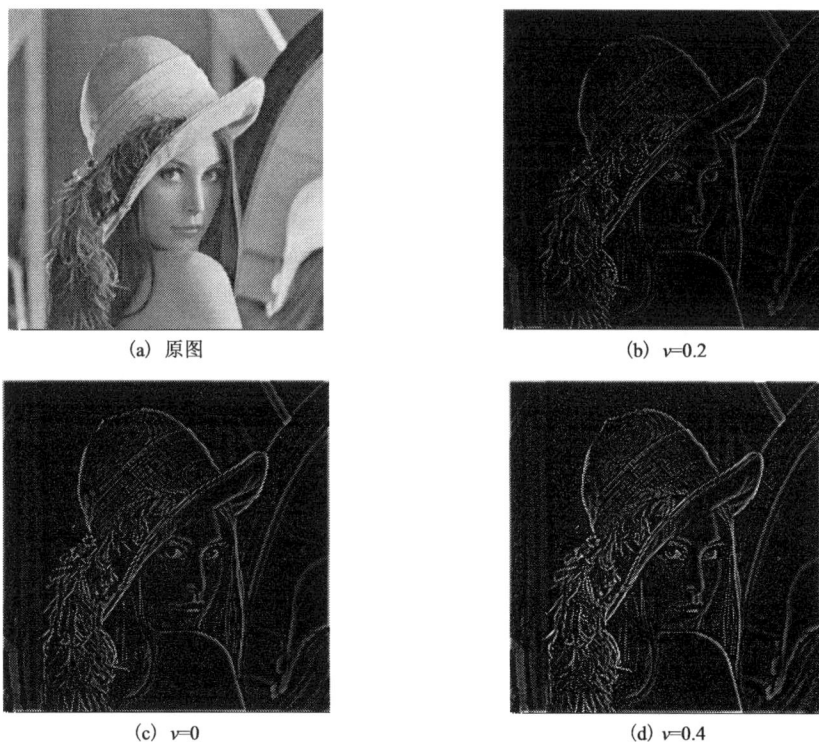

(a) 原图   (b) $v=0.2$

(c) $v=0$ (d) $v=0.4$

图 7.7 图像的边缘提取效果对比

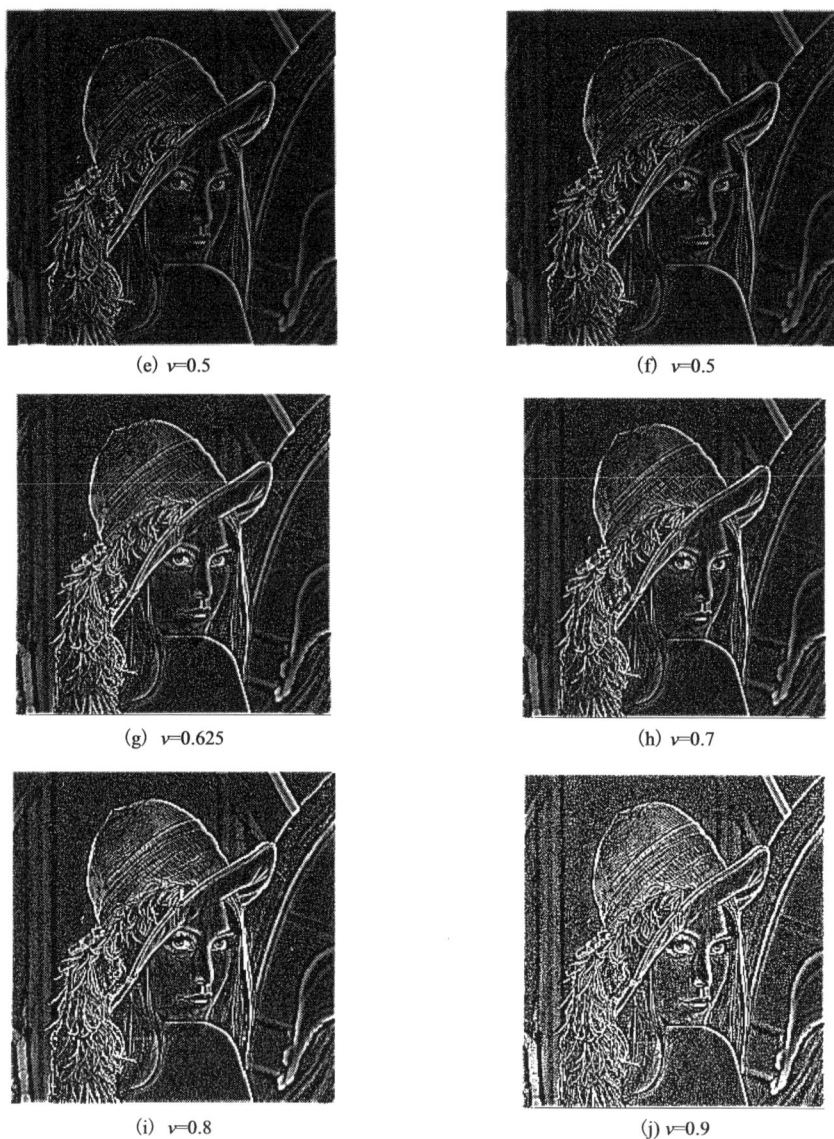

(e) ν=0.5

(f) ν=0.5

(g) ν=0.625

(h) ν=0.7

(i) ν=0.8

(j) ν=0.9

图 7.7 图像的边缘提取效果对比(续)

7.2.4 算法总结

本章描述了分数阶微分的基本原理,频率特点,分析了分数阶微分算法用于图像增强的算法实现步骤,给出了算法实现的仿真程序,并分析验证了算法的可行性和有效性。并在此基础上上提出了一种基于图像复杂度的自适应分数阶微分算法,该算法利用差分维数盒理论,计算出反映图像复杂度的差分维数,再根据这一数值确定分数阶微分增强算法的分数值,使用这一方法,可以根据图像复杂度来选取最佳分数值,达到增强最佳效果,防止伪边缘出现。

第 8 章　基于小波变换的 Grümwald-letnikow 分数阶微分算法

随着分数阶微分算法在图像处理中应用研究的深入开展，对图像在空域中展开处理的研究方法被推广到了变换域。文献(郭李，覃剑，2012)提出了分数阶微分与下波结合的处理方法进行图像增强处理，取得了较好的图像增强效果。在这一领域的研究成果不多。本章根据小波分解后图像高频细节信息所具有的不同特点设计了适合处理小波分解系数的分数阶微分模板，用于图像增强，取得了较好的效果。

本章根据 Grümwald-letnikow 分数阶微分定义，推导出了适用于数字图像的分数阶差分表达式，并依据表达式构建了分阶数滤波器模板，结合小波分解与单支重构理论，提出了小波分解下的 G-L 分数阶微分图像增强算法。算法首先将图像小波分解，利用小波的多分辨率特点及小波单支重构方法，对多级分解后的不同尺度、不同频率图像子块单支重构，得到大小相同的多级重构图像。使用基于 Grümwald-letnikow 分数阶微分理论构造的图像增强模板处理各级单支重构图像，最后将处理后图像线性叠加，得到增强图像。由于增加了小波分解的步骤，图像的增强效果与单一使用分数阶微分算法相比得到了更好的提升。

8.1　小波的分解及重构

8.1.1　二进正交变换(mallat 算法)

信号的分解公式：

$$x_{i+1,k} = \sum_n h(n-2k)x_{i,k} \tag{8-1}$$

$$d_{i+1,k} = \sum_n g(n-2k)d_{i,k} \tag{8-2}$$

式(8-1)为低频信号的分解过程，h 为低通滤波器，$x_{i+1,k}$ 是由上一级(第 i 级)低频信号 $x_{i,k}$ 分解而来得出第 $i+1$ 级离散低频分解信号；式(8-2)为高频细节信息的分解过程，$d_{i+1,k}$ 是由上一级(第 i 级)高频信号 $d_{i,k}$ 分解而来的为第 $i+1$ 级离散高频细节分解信号，g 为高通滤波器。

8.1.2　图像重构

信号的重构公式为：

$$x_{i,n} = \sum_k h(n-2k)x_{i+1,k} + \sum_k g(n-2k)d_{i+1,k} \tag{8-3}$$

式中，$x_{i,n}$ 是第 i 级低频信号，由第 $(i+1)$ 级低频信号 $x_{i+1,k}$ 和高频信号 $d_{i+1,k}$ 按(8-3)式计算得到；h 为低通滤波器，g 为高通滤波器。(8-3)式是(8-1)、(8-2)式的逆过程，是多层分解信号的重构过程。图像分解与重构如图 8.1 所示。

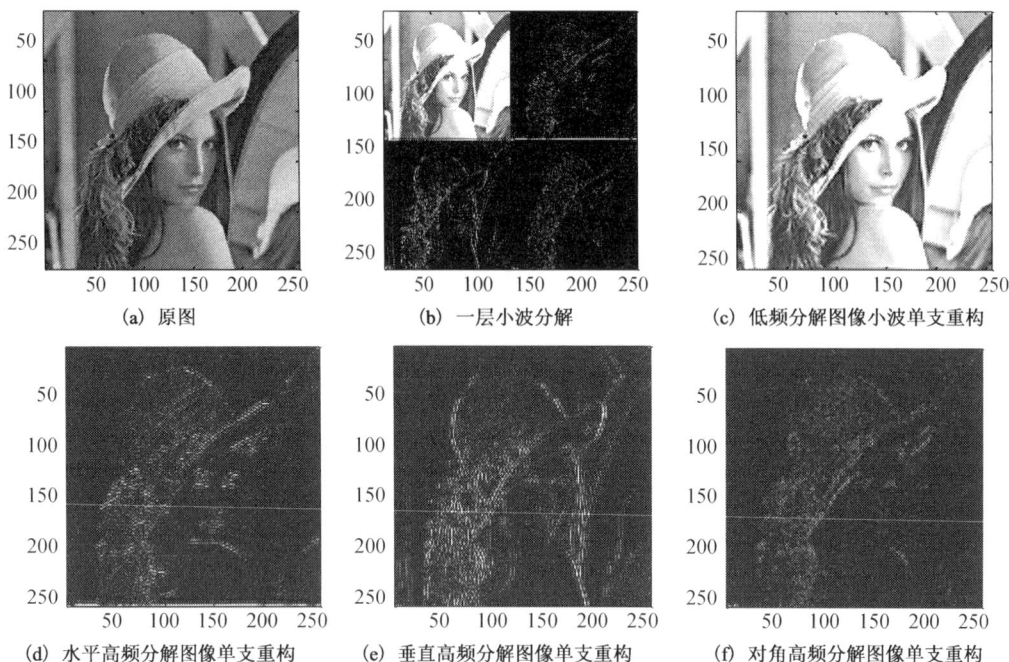

| (a) 原图 | (b) 一层小波分解 | (c) 低频分解图像小波单支重构 |

| (d) 水平高频分解图像单支重构 | (e) 垂直高频分解图像单支重构 | (f) 对角高频分解图像单支重构 |

图 8.1 图像的分解与重构

8.2 基于 Grümwald-letnikow 的分数阶微分算法

8.2.1 数学理论

Grümwald-letnikow 分数阶微分定义:

$$\tag{8-4} {}_a^R D_t^{\tau} = \lim_{h \to 0} \frac{1}{h^v} \sum_{j=0}^{\frac{t-a}{h}} (-1)^j \frac{\Gamma(v+1)}{j!(v-j+1)} f(t-jh)$$

其中 Gamma 函数:

$$\Gamma(n) = \int_0^{\infty} e^{-t} t^{n-1} \mathrm{d}t = (n-1)!$$

若一维函数 $f(t)$ 在区间 $[a,t]$ 上有定义，对其按单位 $h=1$ 等分，可推出

$$\tag{8-5} n = \left[\frac{t-a}{h} \right]^{h=1} = (t-a)$$

则一维信号的差分表达式为:

$$\tag{8-6} \begin{aligned} \frac{\mathrm{d}^v f(t)}{\mathrm{d}^v t} \approx\ & f(t) + (-v)f(t-1) + \frac{(-v)(-v+1)f(t-2)}{2} + \cdots + \\ & \frac{\Gamma(-v+1)}{n!\Gamma(-v+n+1)} f(t-n) \end{aligned}$$

这 n 个非零系数值中只有第一个的系数值是常数"1"，其他 $n-1$ 个都是分数阶微分阶次的函数。这 n 个非零系数值按顺序分别表示为:

$$\begin{cases} a_0 = 1 \\ a_1 = -v \\ a_2 = \dfrac{(-v)(-v+1)}{2} \\ a_3 = \dfrac{(-v)(-v+1)(-v+2)}{6} \\ \cdots \\ a_n = \dfrac{\Gamma(-v+1)}{n!\,\Gamma(-v+n+1)} \end{cases} \tag{8-7}$$

8.2.2 数字图像的分数阶微分前向差分近似表达式及模板

图像的最大变化量是有限的，数字图像变化的最短距离是两个相邻像素之间，且二维数字图像的变换方向分为 x 正、负方向， y 正、负方向。因此数字图像的分数阶偏微分后向差分表达式如下：

x 轴负方向的前向差分表达式为：

$$\frac{\partial^v f(x,y)}{\partial x^v} \approx f(x,y) + (-v)f(x+1,y) + \frac{(-v)(-v+1)}{2}f(x+2,y) + \ldots$$
$$\frac{\Gamma(-v+1)}{n!\,\Gamma(-v+n+1)}f(x+n,y) \tag{8-8}$$

y 轴负方向的前向差分表达式为：

$$\frac{\partial^v f(x,y)}{\partial y^v} \approx f(x,y) + (-v)f(x,y+1) + \frac{(-v)(-v+1)}{2}f(x,y+2) + \ldots$$
$$\frac{\Gamma(-v+1)}{n!\,\Gamma(-v+n+1)}f(x,y+n) \tag{8-9}$$

x 轴正方向的前向差分表达式为：

$$\frac{\partial^v f(x,y)}{\partial x^v} \approx f(x,y) + (-v)f(x-1,y) + \frac{(-v)(-v+1)}{2}f(x-2,y) + \ldots$$
$$\frac{\Gamma(-v+1)}{n!\,\Gamma(-v+n+1)}f(x-n,y) \tag{8-10}$$

y 轴正方向的前向差分表达式为：

$$\frac{\partial^v f(x,y)}{\partial y^v} \approx f(x,y) + (-v)f(x,y-1) + \frac{(-v)(-v+1)}{2}f(x,y-2) + \ldots$$
$$\frac{\Gamma(-v+1)}{n!\,\Gamma(-v+n+1)}f(x,y-n) \tag{8-11}$$

对角方向的前向差分表达式为：

$$\frac{\partial^v f(x,y)}{\partial(x,y)^v} = f(x,y) + (-v)f(x-1,y-1) + \frac{(-v)(-v+1)}{2}f(x-2,y-2) + \ldots$$
$$\frac{\Gamma(-v+1)}{n!\,\Gamma(-v+n+1)}f(x-n,y-n) \tag{8-12}$$

根据以上数学分析，得出大小为5×5的分数阶微分模板如下：

$(v^2-v)/2$	0	$(v^2-v)/2$	0	$(v^2-v)/2$
0	$-v$	$-v$	$-v$	0
$(v^2-v)/2$	$-v$	8	$-v$	$(v^2-v)/2$
0	$-v$	$-v$	$-v$	0
$(v^2-v)/2$	0	$(v^2-v)/2$	0	$(v^2-v)/2$

8.2.3 分数阶微分模板改进

由于小波变换具有时频特点，图像信息经小波变换后被分解为低频信息、水平方向高频信息、垂直方向高频信息、对角方向高频信息，具有方向性的特点；进一步提取高频信息，针对小波分解后三个方向的高频信息对分数阶微分模板作出改进，设计了去水平方向模板：去除了水平方向，保留了垂直方向、对角方向模板系数，目的是用于进一步提取水平方向高频图像的垂直方向、对角方向高频信息；去垂直方向模板：去除了垂直方向，目的是用于进一步提取垂直方向高频图像信息的水平、对角方向高频信息；去对角方向模板：去除了对角方向是用于进一步提取对角方向高频图像信息的水平、垂直方向高频信息；且考虑到图像像素点与相邻像素的相关性，为保证灰度值变换不大的区域内的相应部位为零；新模板的值作如下改进：将原 Tiansi 模板中常系数值改为 1，与常系数"1"像素距离为 1 个像素单位的像素点的值改为 $-v$ 的平均值 $-v/6$，距离为 2 个像素单位的像素点改为 $(v^2-v)/2$ 的平均值 $(v^2-v)/12$，得到的新模板。

1. 去水平方向模板

模板去除了水平方向，保留了垂直方向、对角方向模板系数，目的是用于进一步提取水平方向高频图像的垂直方向、对角方向高频信息。

$(v^2-v)/12$	0	$(v^2-v)/12$	0	$(v^2-v)/12$
0	$-v/6$	$-v/6$	$-v/6$	0
0	0	1	0	0
0	$-v/6$	$-v/6$	$-v/6$	0
$(v^2-v)/12$	0	$(v^2-v)/12$	0	$(v^2-v)/12$

2. 去垂直方向模板

去除了垂直方向，目的是用于进一步提取垂直方向高频图像信息的水平、对角方向高频信息；目的是进一步提取垂直方向高频图像水平方向、对角方向高频信息。

128

$(v^2-v)/12$	0	0	0	$(v^2-v)/12$
0	$-v/6$	0	$-v/6$	0
$(v^2-v)/12$	$-v/6$	1	$-v/6$	$(v^2-v)/12$
0	$-v/6$	0	$-v/6$	0
$(v^2-v)/12$	0	0	0	$(v^2-v)/12$

3. 去对角方向模板

除了对角方向是用于进一步提取对角方向高频图像信息的水平、垂直方向高频信息；目的是进一步提取对角方向高频图像的水平、垂直方向高频信息。

0	0	$(v^2-v)/8$	0	0
0	0	$-v/4$	0	0
$(v^2-v)/8$	$-v/4$	1	$-v/4$	$(v^2-v)/8$
0	0	$-v/4$	0	0
0	0	$(v^2-v)/8$	0	0

8.2.4 基于小波变换的 Grümwald-letnikow 分数阶微分算法设计

由于小波分解具有很好的时频特性，可以在时域区分频域信息，对图像进行一层小波分解后，图像在时域展现成低频，水平方向高频、垂直方向高频、对角方向高频四部分，低频部分集中了原始图像主要低频信息，高频部分反映了原始图像水平、垂直、对角方向的边缘细节信息，为了更好的提取图像边缘信息，对不同方向的图像信息采用对应模板处理，以期达到最优，算法步骤如下：

(1) 对图像 $f(x,y)$ 进行一层小波分解，得到低频图像 LL 的小波系数 ca，水平方向高频图像 HL 的小波系数 ch,垂直方向高频图像 LH 的小波系数 cv，对角方向高频图像 HH 的小波系数 vd。

(2) 由于低频图像集中了原始图像主要低频轮廓信息，为加强图像轮廓提取，对低频图像小波系数 ca 使用八个方向（全方向）的 Tiansi 模板处理，得到新的小波系数 $c\overline{a}$ ：

$$c\overline{a}(x,y) = \sum_{s=-a}^{+a}\sum_{t=-b}^{+b} w_{Tiansi}(s,t)ca(x+s,y+t) \tag{8-13}$$

(3) 为进一步提取、增强垂直、对角方向高频细节信息，对水平方向高频图像 HL 的小波系数 ch 使用图 2(a) 改进模板处理，得到新的小波系数 $c\overline{h}$ ：

$$c\overline{h}(x,y) = \sum_{s=-a}^{+a}\sum_{t=-b}^{+b} w_a(s,t)ch(x+s,y+t) \tag{8-14}$$

（4）为进一步提取、增强水平、对角方向高频细节信息，对垂直高频图像 LH 的小波系数 cv 使用去垂直方向改进模板处理，得到新的小波系数 $c\overline{v}$：

$$c\overline{v}(x,y) = \sum_{s=-a}^{+a}\sum_{t=-b}^{+b} w_b(s,t)cv(x+s,y+t) \tag{8-15}$$

（5）为进一步提取增强水平、垂直方向高频细节信息。对对角高频图像 HH 的小波系数 cd 使用去对角方向改进模板处理，处理后得到新的小波系数 $c\overline{d}$：

$$c\overline{d}(x,y) = \sum_{s=-a}^{+a}\sum_{t=-b}^{+b} w_c(s,t)cd(x+s,y+t) \tag{8-16}$$

（6）对处理后的小波系数 $c\overline{a}, c\overline{h}, c\overline{v}, c\overline{d}$ 进行单支重构与线性叠加，得到边缘细节信息被增强的新图像 $\overline{f}(x,y)$。

（7）将新图像 $\overline{f}(x,y)$ 与原图像 $f(x,y)$ 相减，提取边缘图像信息。

（8）若对图像进行多层小波分解，对图像逐层进行上述步骤 1 至步骤 6 的处理。

8.3　基于小波变换的 Grümwald-letnikow 分数阶微分算法仿真

8.3.1　不同分阶数下图像增强效果

1. 程序

```
X=imread('lena.bmp');%X=rgb2gray(X);
X=im2double(X)
figure(1);imshow(X);y=size(X)
axis square
[c,s]=wavedec2(X,2,'sym4');%提取小波分解结构中第一层低频系数和高频系数
ca1=appcoef2(c,s,'sym4',1);
ch1=detcoef2('h',c,s,1);
cv1=detcoef2('v',c,s,1);
cd1=detcoef2('d',c,s,1);
ca2=appcoef2(c,s,'sym4',2);
ch2=detcoef2('h',c,s,2);
cv2=detcoef2('v',c,s,2);
cd2=detcoef2('d',c,s,2);
v=0.5
H1=[(v*v-v)/2      0          (v*v-v)/2      0          (v*v-v)/2
    0              -v         -v             -v         0
    (v*v-v)/2      -v         8              -v         (v*v-v)/2
    0              -v         -v             -v         0
    (v*v-v)/2      0          (v*v-v)/2      0          (v*v-v)/2  ]

H2=[(v*v-v)/12     0          (v*v-v)/12     0          (v*v-v)/12
    0              -v/6       -v/6           -v/6       0
    0              0          1              0          0
    0              -v/6       -v/6           -v/6       0
```

$$(v*v-v)/12 \qquad 0 \qquad (v*v-v)/12 \qquad 0 \qquad (v*v-v)/2 \ ]$$

```
H3=[ (v*v-v)/12    0           0           0           (v*v-v)/12
     0            -v/6         0          -v/6          0
    (v*v-v)/12    -v/6         1          -v/6         (v*v-v)/12
     0            -v/6         0          -v/6          0
    (v*v-v)/12     0           0           0           (v*v-v)/12 ]

H4=[0              0          (v*v-v)/8    0            0
    0              0          -v/4         0            0
   (v*v-v)/8      -v/4         1          -v/4         (v*v-v)/8
    0              0          -v/4         0            0
    0              0          (v*v-v)/8    0            0]
```

```
X1=filter2(H1/(8-12*v+4*v*v),X);
figure(2);image(X1);                          %Tiansi 算法增强
X=double(X)
by=X1-X;                                       %Tiansi 算法增强边缘
figure(3);image(by)
ac2=filter2(H1/(8-12*v+4*v*v),ca2);
hc2=filter2(H2,ch2);
vc2=filter2(H3,cv2);
dc2=filter2(H4,cd2);
chg1=idwt2(ac2,hc2,vc2,dc2,'sym4');    %一层重构,对第二层处理结果,本文算法重构
Figure(4);imshow(chg1)
axis square
ac1=filter2(H1/(8-12*v+4*v*v),chg1);
hc1=filter2(H2,ch1);
vc1=filter2(H3,cv1);
dc1=filter2(H4,cd1);                            %对第一层处理结果
hc1(132,:)=0;hc1(:,132)=0;vc1(132,:)=0;vc1(:,132)=0;
dc1(132,:)=0;dc1(:,132)=0;
chg=idwt2(ac1,hc1,vc1,dc1,'sym4');
figure(5);imshow(chg);
axis square
chg=double(chg);figure(4);imshow(chg);   %二层分解,本文算法增强图像
X=double(X);
for i=257:258
X(i,:)=0;X(:,i)=0
end
xbby=chg-X;
figure(6)
imshow(xbby)                    %二层分解本文算法 边缘图像
```

2. 图像增强效果

对 400×400 的 JPG 图像使用本文算法处理，如图 8.2 所示。图 8.2(b)、(d)、(f)、(e) 分别是在分阶数 $v=0.2$、$v=0.4$、$v=0.7$、$v=0.9$ 下的本文算法增强图像；图 8.2(c)、(e)、(g)、 (i)分别是在分阶数 v=0.2、v=0.4、v=0.7、v=0.9 下的本文算法边缘检测图像。结果表明：随分阶数的增大，图像增强效果逐渐提升，边缘提取效果逐渐提升。

(a) 原图

(b) v=0.2 增强图像

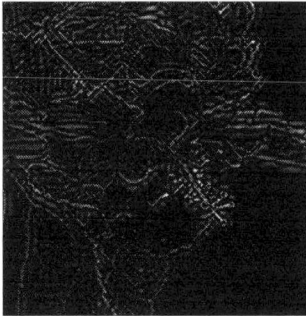

(c) v=0.2 边缘图像

(d) v=0.4 增强图像

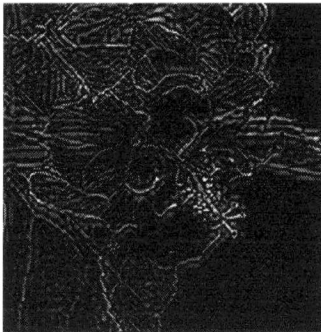

(e) v=0.4 边缘图像

(f) v=0.7 增强图像

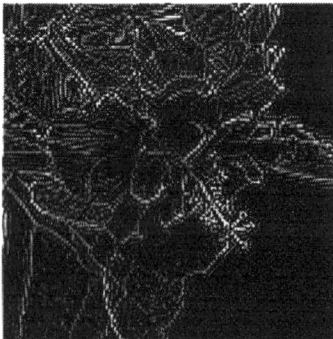

(g) v=0.7 边缘图像

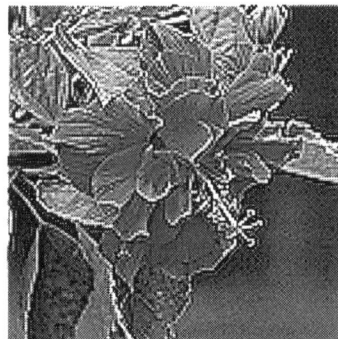

(h) v=0.9 增强图像

图 8.2　本文算法不同分阶数下图像增强与边缘检测效果

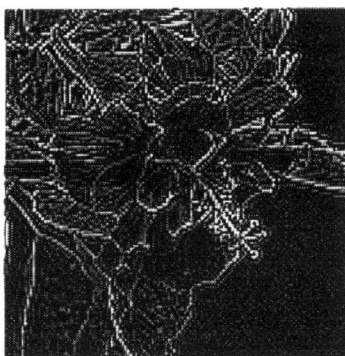

(i) v=0.9 边缘图像

图 8.2　本文算法不同分阶数下图像增强与边缘检测效果(续)

8.3.2　本文算法与分数阶微分算法增强图像比较

对大小为 600×600 的 BMP 蝴蝶图像使用本文算法和基于 Grümwald-letnikow 的分数微分算法进行边缘提取，检测效果如图 8.3 所示。图 8.3(b)、(d)、(f)、(h)分别是在分阶数 v=0.2、v=0.4、v=0.6、v=0.8 下的本文算法边缘检测图像；图 8.3(c)、(e)、(g)、(i)分别是在分阶数 v=0.2、v=0.4、v=0.6、v=0.8 下的基于 Grümwald-letnikow 的分数阶微分算法边缘检测图像；由图 8.3 可以看出：本文算法和分数阶微分算法的图像边缘提取效果均随着分阶数的增大而得到提升，在同一分阶数下，本文算法的边缘提取效果优于 Grümwald-letnikow 分数阶微分算法边缘提取效果。

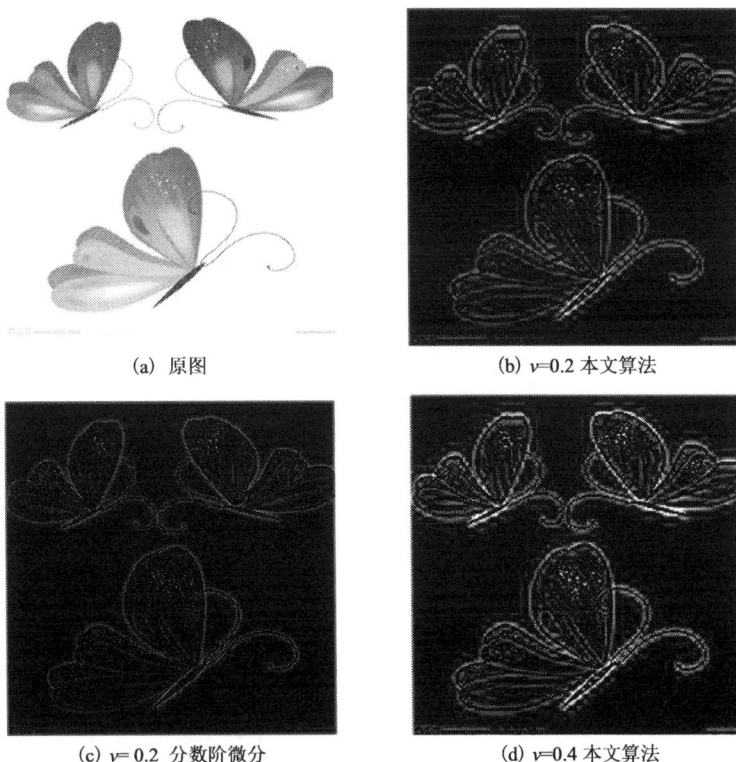

(a) 原图

(b) v=0.2 本文算法

(c) v= 0.2 分数阶微分

(d) v=0.4 本文算法

图 8.3　本文算法与分数阶微分算法比较

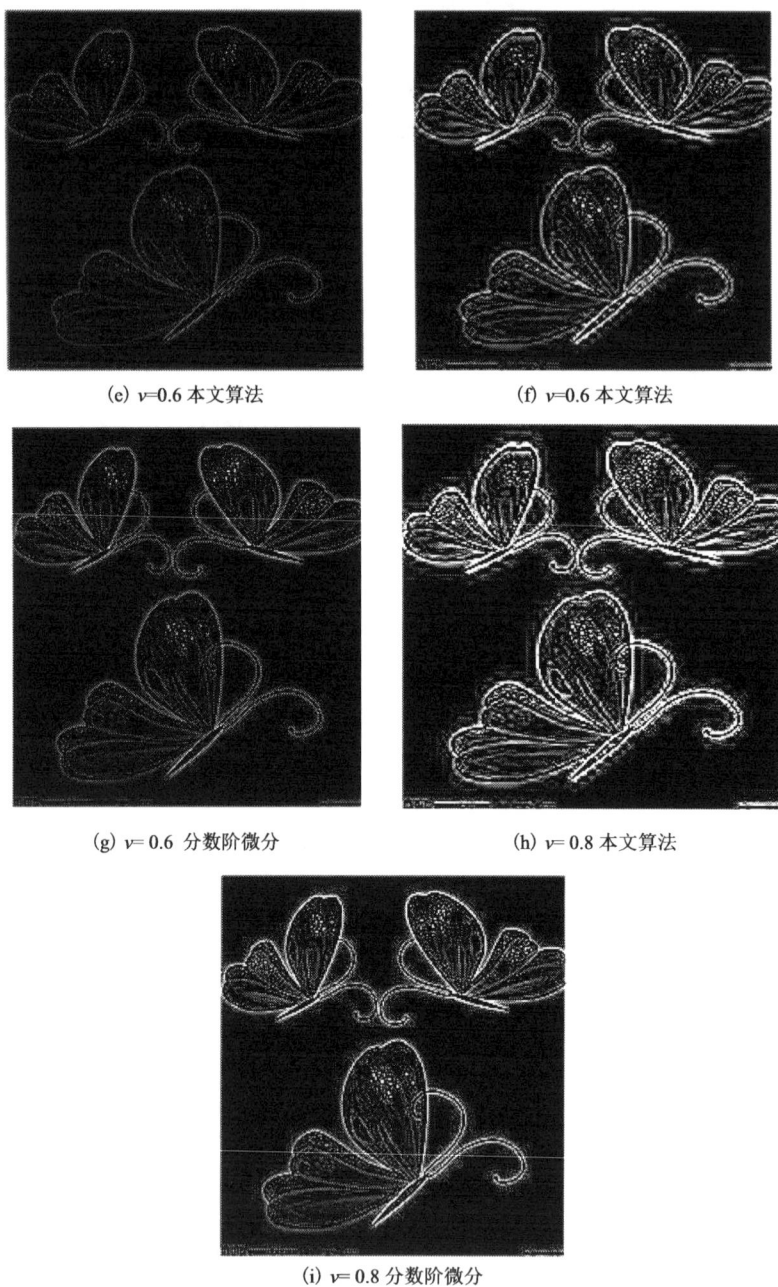

(e) *v*=0.6 本文算法   (f) *v*=0.6 本文算法

(g) *v*= 0.6 分数阶微分   (h) *v*= 0.8 本文算法

(i) *v*= 0.8 分数阶微分

图 8.3 本文算法与分数阶微分算法比较(续)

8.3.3 算法总结

本章首先基于 Grümwald-letnikow 理论构造出分数阶微分模板,然后根据小波的单支重构理论,将进行时频分解后的具有不同频率特点的各级小波分解系数单支重构,对不同特点的单支重构图像使用构建的不同方向的分数阶微分模板做增强处理,最后将处理后单支重构图像线性叠加,得到增强图像。通过在 MATLAB 下的仿真验证:本文算法可以实现对图像的增强和边缘提取,并且算法的处理效果优于单一使用分数阶微分算法。

第9章　分数阶积分图像去噪算法

当 Grümwald-letnikow 定义中的分数值取值为负数时，该表达时表示积分运算。分数阶积分在图像去噪方面具有简单性和高效性，去噪时直接使用构造的模板对图像处理，在去噪的同时能保留图像边缘信息。根据分数阶微积分傅里叶变换的可分性，一维积分被推广到二维，文献(黄果等，2011)使用分数阶积分原理利用迭代的方法进行图像去噪，该算法去噪效果良好，信噪比得到了较大提升。文献(路倩倩，2012)利用分数微级分与小波变换结合的方法进行图像去噪。文献(张富平等，2013)用分数阶积分对彩色图像去噪，引入离散四元数傅里叶变换提高去噪效果。文献(杨柱中等，2014)利用分数阶微分梯度检测图像的噪声点，用改进的分数阶积分模板进行图像去噪 ，取得良好去噪效果。

综上所述，分数阶积分的图像去噪算法已经受到研究者关注，但目前在这一方面的研究成果仍不多，本章从分数阶积分的 Grümwald-letnikow 定义出发，分析了分数阶积分的频率特性，构造适合于图像去噪的分数阶积分模板，并给出了实验程序及实验效果图。

9.1　分数阶积分定义及频率特性

9.1.1　分数阶微积分 Grümwald-letnikow 定义

$$\,_a^R D_t^\tau = \lim_{h \to 0} \frac{1}{h^v} \sum_{j=0}^{\frac{t-a}{h}} (-1)^j \frac{\Gamma(v+1)}{j!(v-j+1)} f(t-jh) \qquad v \in R^- \tag{9-1}$$

其中 Gamma 函数:

$$\Gamma(n) = \int_0^\infty e^{-t} t^{n-1} \mathrm{d}t = (n-1)!$$

当 v 大于零时，公式是为积分，当 v 小于 0 时为积分。

9.1.2　分数阶积分频率特性

已知信号 $f(t)$ 的傅里叶变换为 $F(jw)$

$$F(jw) = \int_{-\infty}^{+\infty} f(t) e^{-jwt} \mathrm{d}t \tag{9-2}$$

根据微分性质得到:

$$f^{(n)}(t) \overset{FT}{\Longleftrightarrow} (jw)^n F(jw) \qquad n \in Z \tag{9-3}$$

同理，信号分数阶导数的傅里叶变换为:

$$f^v(t) \overset{FT}{\Longleftrightarrow} (jw)^v F(jw) = d(jw) F(jw) \tag{9-4}$$

$$d(jw) = (jw)^v = a_v(jw) \cdot e^{j\theta_v(w)} = a_v(jw) \cdot p_v(jw) \tag{9-5}$$

$$f^v(t) \overset{FT}{\Longleftrightarrow} (jw)^v F(jw) = d(jw) F(jw) = |w|^v \frac{v\pi}{2} \mathrm{sgn}(w) F(jw) \tag{9-6}$$

分数积分函数的频率特性如图 9.1 所示。

$$a_v(w) = |w|^v, \theta_v(w) = \frac{v\pi}{2}\mathrm{sgn}(w) \tag{9-7}$$

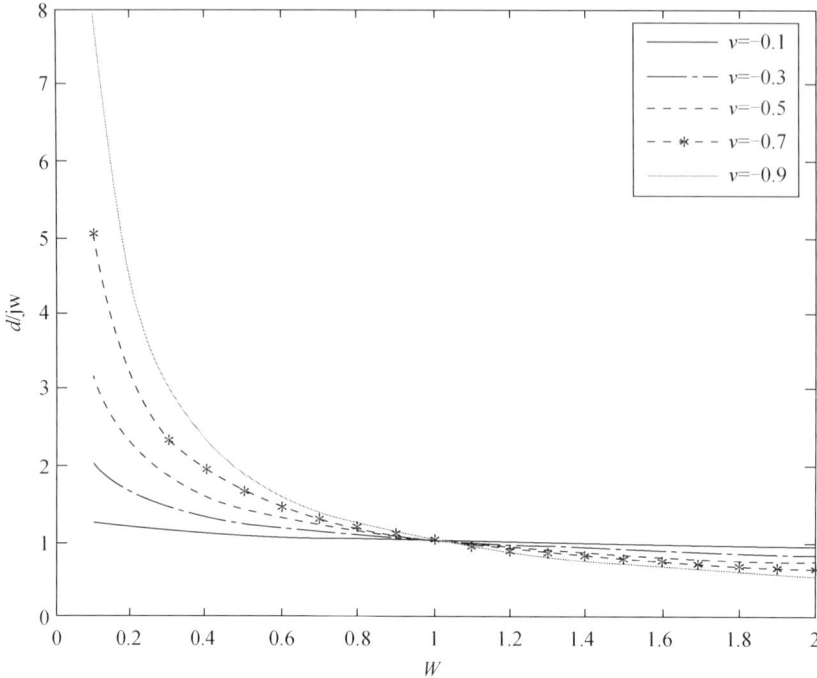

图 9.1　分数积分函数的频率特性

分数阶积分可以看成是广义的调幅调相，振幅随频率成分数阶幂指数变换，相位是频率的广义 Hilbert 变换。振幅特性是偶函数，相位特性是奇函数。

当 $-1 < v < 0$ 时，在 $0 < w < 1$ 甚低频段，分数阶微分对甚低频图像信号有增强作用，并且分数阶微分微分阶次减小，对图像甚低频部分的增强变大，说明分数阶积分对低频信号具有增强作用，可以加强图像低频信息，且随着积分分数值的减小，对图像低频信息的加强能力提高。在 $w > 1$ 段，图像的分数阶积分对高频细节信息有衰减作用，$v=-0.1$ 时，分数阶积分对高频信息几乎没有衰减，随着积分分数值的变小，对图像高频信息的衰减变大，由于噪声的频率范围处于高频区域，因此分数阶积分具有抑制噪声的能力。由以上分析可知：分数阶积分可以用于图像去噪。

9.2　分数阶积分模板构造

9.2.1　图像分数阶积分处理的数学表达式

图像的最大变化量是有限的，数字图像变化的最短距离是两个相邻像素之间，且二维数字图像的变换方向分为 x 正、负方向，y 正、负方向和四个对角方向。因此数字图像的分数阶积分后向差分表达式如下：

x 轴负方向的前向差分表达式为：

$$\frac{\partial^v f(x,y)}{\partial x^v} \approx f(x,y) + (-v)f(x+1,y) +$$

$$\frac{(-v)(-v+1)}{2}f(x+2,y) + ... \tag{9-8}$$

$$\frac{\Gamma(-v+1)}{n!\Gamma(-v+n+1)}f(x+n,y)$$

y 轴负方向的前向差分表达式为：

$$\frac{\partial^v f(x,y)}{\partial y^v} \approx f(x,y) + (-v)f(x,y+1) + \frac{(-v)(-v+1)}{2}f(x,y+2) + ...$$

$$\frac{\Gamma(-v+1)}{n!\Gamma(-v+n+1)}f(x,y+n) \tag{9-9}$$

x 轴正方向的前向差分表达式为：

$$\frac{\partial^v f(x,y)}{\partial x^v} \approx f(x,y) + (-v)f(x-1,y) + \frac{(-v)(-v+1)}{2}f(x-2,y) + ...$$

$$\frac{\Gamma(-v+1)}{n!\Gamma(-v+n+1)}f(x-n,y) \tag{9-10}$$

y 轴正方向的前向差分表达式为：

$$\frac{\partial^v f(x,y)}{\partial y^v} \approx f(x,y) + (-v)f(x,y-1) + \frac{(-v)(-v+1)}{2}f(x,y-2) + ...$$

$$\frac{\Gamma(-v+1)}{n!\Gamma(-v+n+1)}f(x,y-n) \tag{9-11}$$

对角方向的前向差分表达式为：

$$\frac{\partial^2 f(x,y)}{\partial(x,y)^2} = f(x,y) + (-v)f(x-1,y-1) + \frac{(-v)(-v+1)}{2}f(x-2,y-2) + ...$$

$$\frac{\Gamma(-v+1)}{n!\Gamma(-v+n+1)}f(x-n,y-n) \tag{9-12}$$

以上数学表达式中 v 的取值为 $-1 < v < 0$。

9.2.2 模板系数的提取及模板构造

根据模板系给出 x 轴正方向模板，记为 $W_{0°}$，y 轴正方向模板，记为 $W_{90°}$；x 轴负方向模板模板，记为 $W_{180°}$；y 轴负方向模板，记为 $W_{270°}$；四个对角方向模板，分别记为：$W_{45°}$，$W_{135°}$，$W_{225°}$，$W_{315°}$。

（1）模板 1：x 轴负方向模板 $W_{180°}$

0	0	0
$(-v)(-v+1)\big/2$	$-v$	1
0	0	0

(2) 模板 2：y 轴负方向模板 $\mathbf{W}_{270°}$

0	1	0
0	$-v$	0
0	$(-v)(-v+1)\big/2$	0

(3) 模板 3：x 轴正方向模板 $\mathbf{W}_{0°}$

0	1	0
1	$-v$	$(-v)(-v+1)\big/2$
0	0	0

(4) 模板 4：y 轴正方向模板 $\mathbf{W}_{90°}$

0	$(-v)(-v+1)\big/2$	0
0	$-v$	0
0	1	0

(5) 模板 5：对角方向模板 $\mathbf{W}_{45°}$

0	0	$(-v)(-v+1)\big/2$
0	$-v$	0
1		0

(6) 模板 6：对角方向模板 $\mathbf{W}_{135°}$

$(-v)(-v+1)\big/2$	0	0
0	$-v$	0
0	0	1

(7) 模板 7：对角方向模板 $\mathbf{W}_{225°}$

0	0	1
0	$-v$	0
$(-v)(-v+1)\big/2$	0	0

(8) 模板 8：对角方向模板 $W_{315°}$

1	0	0
0	$-v$	0
0	0	$(-v)(-v+1)\big/2$

9.2.3　分数阶积分去噪算法规则

使用模板对图像进行处理的本质方法就是使用模板与图像进行积分运算。下面详细描述各方向积分运算表达式。

(1) 水平方向分数阶积分运算

$$\overline{f}_{0°}(x,y) = \sum_{i=-M}^{+M}\sum_{j=-N}^{+N} w_{0°}(x,y)f(x+i,y+j) \tag{9-13}$$

$$\overline{f}_{180°}(x,y) = \sum_{i=-M}^{+M}\sum_{j=-N}^{+N} w_{180°}(x,y)f(x+i,y+j) \tag{9-14}$$

(2) 垂直方向分数阶积分运算

$$\overline{f}_{90°}(x,y) = \sum_{i=-M}^{+M}\sum_{j=-N}^{+N} w_{90°}(x,y)f(x+i,y+j) \tag{9-15}$$

$$\overline{f}_{270°}(x,y) = \sum_{i=-M}^{+M}\sum_{j=-N}^{+N} w_{270°}(x,y)f(x+i,y+j) \tag{9-16}$$

(3) 对角方向

$$\overline{f}_{45°}(x,y) = \sum_{i=-M}^{+M}\sum_{j=-N}^{+N} w_{45°}(x,y)f(x+i,y+j) \tag{9-17}$$

$$\overline{f}_{135°}(x,y) = \sum_{i=-M}^{+M}\sum_{j=-N}^{+N} w_{135°}(x,y)f(x+i,y+j) \tag{9-18}$$

$$\overline{f}_{225°}(x,y) = \sum_{i=-M}^{+M}\sum_{j=-N}^{+N} w_{225°}(x,y)f(x+i,y+j) \tag{9-19}$$

$$\overline{f}_{315°}(x,y) = \sum_{i=-M}^{+M}\sum_{j=-N}^{+N} w_{315°}(x,y)f(x+i,y+j) \tag{9-20}$$

(4) 将各方向处理后图像叠加，计算平均值，得到分数阶积分处理后图像。

$$\overline{f}(x,y) = \frac{f_{0°}(x,y)+f_{45°}(x,y)+f_{90°}(x,y)+f_{135°}(x,y)+f_{180°}(x,y)+f_{225°}(x,y)+f_{270°}(x,y)+f_{315°}(x,y)}{8} \tag{9-21}$$

9.3　分数阶积分算法去噪效果

9.3.1　高斯噪声下的算法去噪效果

程序如下：

```
X=imread('lena.bmp');
X=im2double(X);
```

```
figure(1);
imshow(X);
X=imnoise(X,'gaussian',0，0.02);
figure(2);
imshow(X);
v=-0.1
H1=[(v*v-v)/2        0           (v*v-v)/2       0        (v*v-v)/2
      0             -v            -v            -v          0
     (v*v-v)/2      -v             8            -v         (v*v-v)/2
      0             -v            -v            -v          0
   (v*v-v)/2         0           (v*v-v)/2       0        (v*v-v)/2 ]
X1 =filter2(H1/(8-12*v+4*v*v),X);
figure(3);
imshow(X1);
v=-0.2
H1=[(v*v-v)/2        0           (v*v-v)/2       0        (v*v-v)/2
      0             -v            -v            -v          0
     (v*v-v)/2      -v             8            -v         (v*v-v)/2
      0             -v            -v            -v          0
   (v*v-v)/2         0           (v*v-v)/2       0        (v*v-v)/2 ]
X2=filter2(H1/(8-12*v+4*v*v),X);
figure(3);
imshow(X2);
v=-0.4
H1=[(v*v-v)/2        0           (v*v-v)/2       0        (v*v-v)/2
      0             -v            -v            -v          0
     (v*v-v)/2      -v             8            -v         (v*v-v)/2
      0             -v            -v            -v          0
   (v*v-v)/2         0           (v*v-v)/2       0        (v*v-v)/2 ]
X3=filter2(H1/(8-12*v+4*v*v),X);
figure(4);
imshow(X3);


v=-0.6
H1=[(v*v-v)/2        0           (v*v-v)/2       0        (v*v-v)/2
      0             -v            -v            -v          0
     (v*v-v)/2      -v             8            -v         (v*v-v)/2
      0             -v            -v            -v          0
   (v*v-v)/2         0           (v*v-v)/2       0        (v*v-v)/2 ]
X4=filter2(H1/(8-12*v+4*v*v),X);
figure(5);
imshow(X4);


v=-0.9
H1=[(v*v-v)/2        0           (v*v-v)/2       0        (v*v-v)/2
      0             -v            -v            -v          0
     (v*v-v)/2      -v             8            -v         (v*v-v)/2
      0             -v            -v            -v          0
   (v*v-v)/2         0           (v*v-v)/2       0        (v*v-v)/2 ]
```

```
X5=filter2(H1/(8-12*v+4*v*v),X);
figure(6);
imshow(X5);
```

对 lena.bmp 图像，加入 0.02 的高斯噪声，使用分数阶积分算法处理图像，分数 v 的取值分别为-0.1，-0.3，-0.5，-0.7，-0.8，-0.9。如图 9.2 所示：原图像在加入高斯噪声后，经过分数阶积分算法处理，图像质量得到改善，v=-0.9 时，图像去噪效果最好，随着分数值从-0.1～-0.9 取值，算法的处理效果得到加强，图像去噪效果不断改善。

(a) 原图

(b) 加入高斯噪声图像

(c) $v=-0.1$

(d) $v=-0.3$

(e) $v=-0.5$

(f) $v=-0.7$

图 9.2　高斯噪声下分数阶积分去噪图

(g) $v=-0.8$　　　　　　　　　　　　　(h) $v=-0.9$

图 9.2　高斯噪声下分数阶积分去噪图(续)

9.3.2　乘性噪声下的算法去噪效果

1. 程序

```
X=imread('钱币.bmp');
 X=rgb2gray(X);
 X=im2double(X);
 figure(1);
 imshow(X);
 X=imnoise(X,'speckle',0.04);
figure(2);
imshow(X);
v=-0.2
H1=[(v*v-v)/2        0            (v*v-v)/2        0            (v*v-v)/2
    0                -v           -v               -v           0
    (v*v-v)/2        -v           8                -v           (v*v-v)/2
    0                -v           -v               -v           0
(v*v-v)/2            0            (v*v-v)/2        0            (v*v-v)/2 ]
X1=filter2(H1/(8-12*v+4*v*v),X);
figure(3);
imshow(X1);
v=-0.4
H1=[(v*v-v)/2        0            (v*v-v)/2        0            (v*v-v)/2
    0                -v           -v               -v           0
    (v*v-v)/2        -v           8                -v           (v*v-v)/2
    0                -v           -v               -v           0
(v*v-v)/2            0            (v*v-v)/2        0            (v*v-v)/2 ]
X2=filter2(H1/(8-12*v+4*v*v),X);
figure(4);imshow(X2);
v=-0.6
H1=[(v*v-v)/2        0            (v*v-v)/2        0            (v*v-v)/2
    0                -v           -v               -v           0
    (v*v-v)/2        -v           8                -v           (v*v-v)/2
```

```
    0                    -v              -v              -v              0
 (v*v-v)/2               0            (v*v-v)/2           0           (v*v-v)/2 ]
X3=filter2(H1/(8-12*v+4*v*v),X);
figure(5);
imshow(X3);
v=-0.9
H1=[(v*v-v)/2              0            (v*v-v)/2           0           (v*v-v)/2
    0                    -v              -v              -v              0
 (v*v-v)/2              -v               8               -v           (v*v-v)/2
    0                    -v              -v              -v              0
 (v*v-v)/2               0            (v*v-v)/2           0           (v*v-v)/2 ]
X4=filter2(H1/(8-12*v+4*v*v),X);
figure(6);imshow(X4);
```

2. 仿真结果

对钱币图像加入乘性噪声，使用分数阶积分算法进行去噪处理，如图 9.3 图所示，随着分数值由 v=-0.4～-0.9 变化，图像的去噪效果越来越好。说明算法的去噪能力随着分数值绝对值的变大而提高。从图 9.3 可以看出，分数阶积分算法在去噪时，很好的保留了图像边缘信息。图像没有因为去噪而变得模糊。

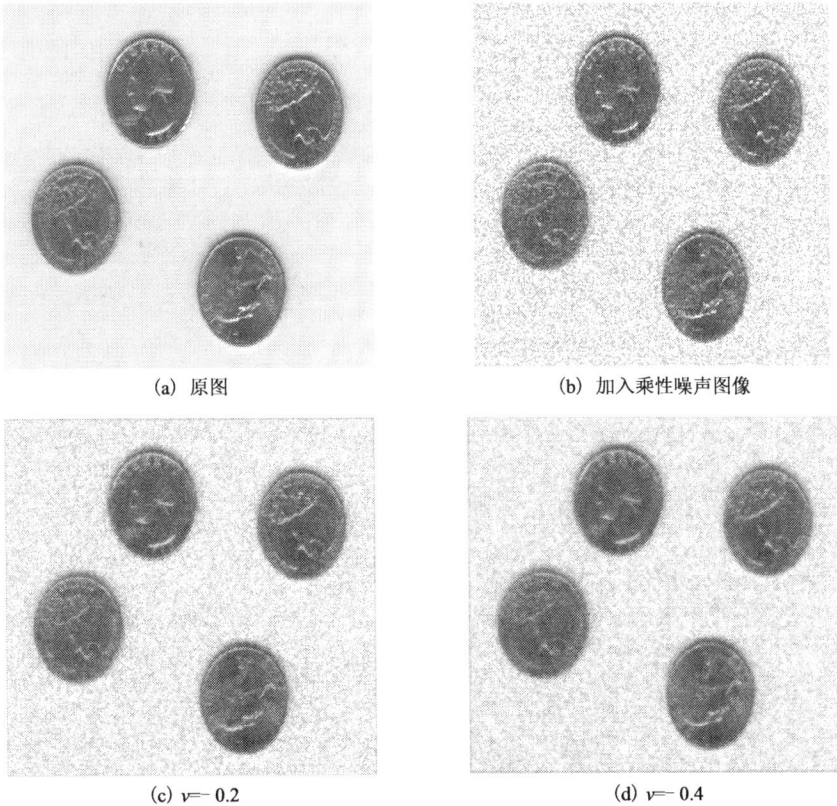

(a) 原图   (b) 加入乘性噪声图像

(c) v=- 0.2   (d) v=- 0.4

图 9.3　乘性噪声下分数阶积分算法去噪图

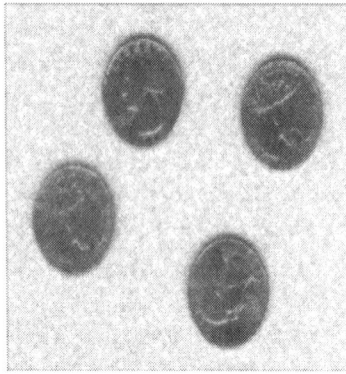
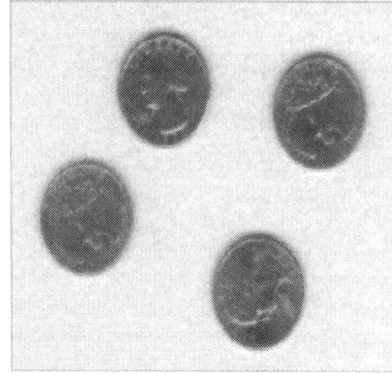

(e) v=-0.6   (f) v=-0.9

图 9.3　乘性噪声下分数阶积分算法去噪图(续)

9.3.3　高斯噪声下分数阶积分算法与滤波去噪方法效果对比

1. 程序

```
X=imread('蝴蝶.bmp');
X=rgb2gray(X);
X=im2double(X);
figure(1);
imshow(X);
X=imnoise(X,'gaussian',0, 0.02);
figure(2);
imshow(X);
v=-0.9  %v 取值为-0.1--0.9
H1=[(v*v-v)/2      0          (v*v-v)/2       0       (v*v-v)/2
      0           -v           -v            -v           0
    (v*v-v)/2     -v            8            -v       (v*v-v)/2
      0           -v           -v            -v           0
   (v*v-v)/2       0          (v*v-v)/2       0       (v*v-v)/2  ]

X1=filter2(H1/(8-12*v+4*v*v),X);
figure(3);
imshow(X1);
Y11=medfilt2(X,[3,3]);
figure(4);imshow(Y11)
Y12=wiener2(X,[3 3]);
figure(5);imshow(Y12);
```

2. 仿真结果

对蝴蝶图像加入高斯噪声，分别用分数阶积分算法、中值滤波方法、维纳滤波方法进行去噪处理。如图 9.4 所示：当分数值取 v=-0.9 时，分数积分算法去噪效果优于中值滤波和维纳滤波方法。

(a) 原图

(b) 加入高斯噪声图像

(c) 分数阶积分算法($v=-0.9$)

(d) 中值滤波

(e) 维纳滤波

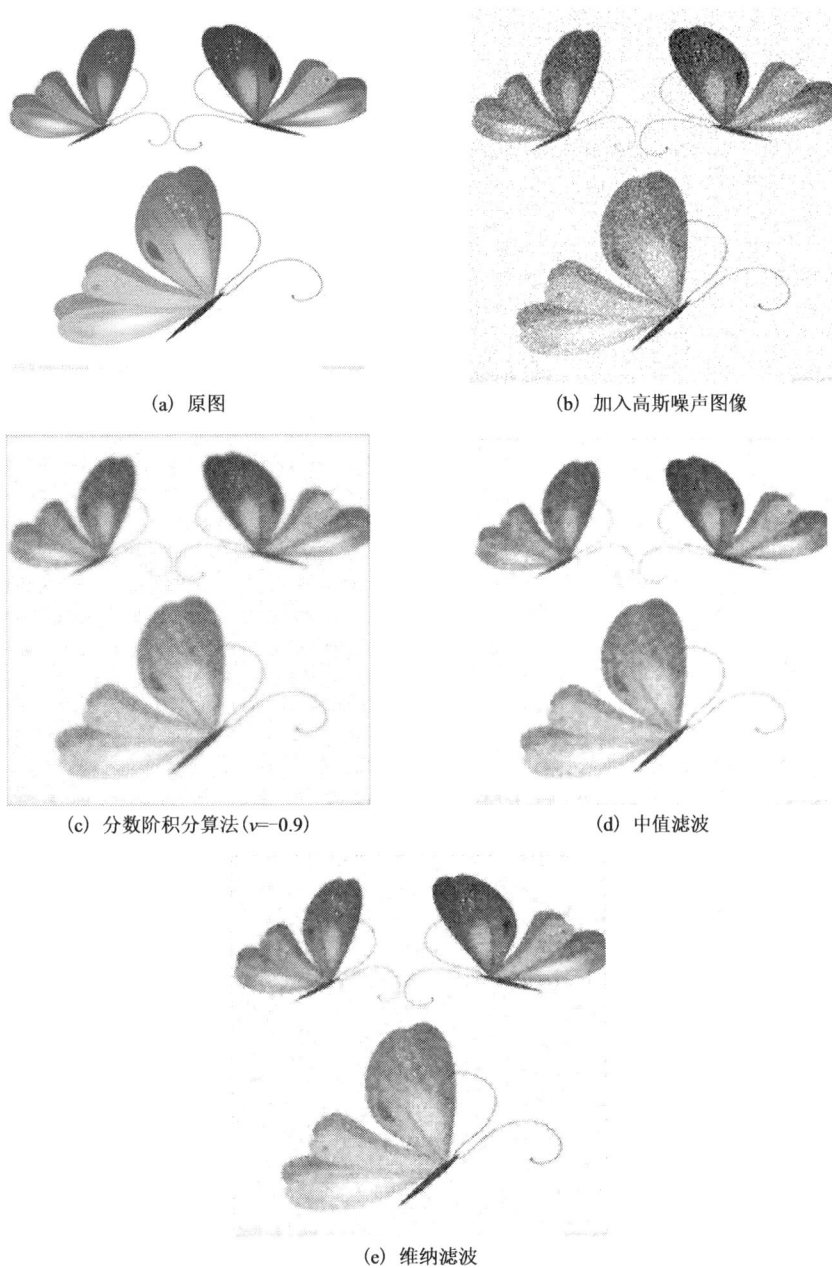

图 9.4　高斯噪声下对比图

9.3.4　乘性噪声下分数阶积分算法与滤波去噪方法效果对比

1. 程序

```
X=imread('lena.bmp');
X=im2double(X);
figure(1);
imshow(X);
X=imnoise(X,'speckle',0.04);
```

```
figure(2);
imshow(X);
v=-0.9 % V取值为-0.1---0.9
H1=[(v*v-v)/2        0           (v*v-v)/2        0           (v*v-v)/2
    0               -v           -v              -v           0
    (v*v-v)/2       -v           8               -v           (v*v-v)/2
    0               -v           -v              -v           0
(v*v-v)/2           0            (v*v-v)/2        0           (v*v-v)/2  ]
X1=filter2(H1/(8-12*v+4*v*v),X);
 figure(3);
imshow(X1); %原图的分数阶积分处理
Y11=medfilt2(X,[3,3]);%中值滤波
Y12=wiener2(X,[3 3]);   %维纳滤波
figure(4);
imshow(Y11);
figure(5);
imshow(Y12);
```

2. 仿真结果

对 lena.bmp 图像加入乘性噪声，使用分数阶积分算法、中值滤波方法、维纳滤波方法进行去噪处理。如图 9.5 所示：当 $v=-0.9$ 时，分数阶积分算法去噪能力优于中值滤波方法、维纳滤波。

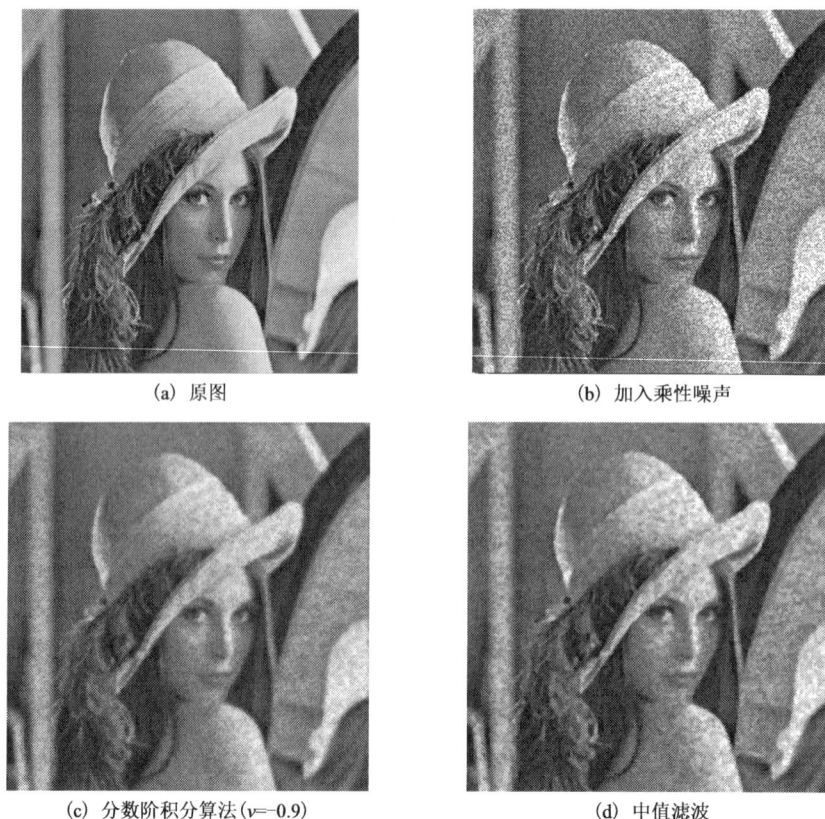

(a) 原图

(b) 加入乘性噪声

(c) 分数阶积分算法($v=-0.9$)

(d) 中值滤波

图 9.5　乘性噪声下对比图

(e) 维纳滤波

图 9.5 乘性噪声下对比图(续)

9.3.5 算法总结

分数阶积分在图像去噪方面具有简单性和高效性,去噪时直接使用构造的模板对图像处理,在去噪的同时能保留图像边缘信息。本章根据分数阶积分的频率特性,分析了分数阶积分在去噪的同时可以保留图像边缘信息的理论依据,推导了分数阶积分模板的系数值,给出了算法步骤,并验证了算法在高斯噪声及乘性噪声下的去噪能力。

第 10 章　车牌识别算法

车牌识别系统主要任务是分析和处理摄取到的复杂背景中的车辆图像，图像定位，牌照分割，最后识别汽车车牌上的字符，车牌识别是利用车辆车牌的独一无二性来识别车辆，它是以模式识别、数字图像处理、计算机视觉等技术为基础的智能识别系统。在现代交通发展中车牌识别系统是制约交通系统现代化、智能化的重要条件，车牌识别系统应该能从一幅车牌图像中自动提取车辆图像，自动分割车牌字符图像，然后对字符进行正确的识别，从而降低交通管理工作的复杂程度。车牌识别系统将捕捉的车牌图像进行一些的处理后，以字符串的形式输出正确的字符，这样便于存储数据、信息量小、操作起来更容易，因此车牌识别系统的优点是人工车牌识别所不能相提并论的，它蕴藏着很大的发展空间与发展空间经济价值，对车牌识别系统技术的研究是非常有的用的。在车牌识别系统中最为关键的三个技术是车牌定位、分割和识别，这三个技术的结果直接影响到整个车牌识别系统的准确性和实时性。国内外已经有不少学者对车牌识别系统技术做了大量的研究，但在实际应用中还没找到一个有效可行的方法，如由于车辆的抖动造成车牌图像的歪斜、磨损和污迹造成车牌字符的光照不均匀、模糊不清造成车牌图像的不清等都会多少影响到车牌定位的准确性。针对上面的情况，很多研究者开始在车牌图像本身特征的基础上研究车牌定位技术，并先后提出了一些有用的识别方法，以减小各种因素对车牌识别系统准确度的影响。然而现代智能交通的不断发展使得车牌定位系统有了更高的标准，主要表现在系统的实用性和准确性。

10.1　车牌识别系统的设计

10.1.1　设计原理

1. 设计原理

车牌识别系统的基本工作原理是：将摄像头捕捉到的包含车辆车牌的图像通过视频卡输入到计算机中进行预处理，由检测模块对车牌进行检测、定位，并分割出包含车牌字符的矩形区域，然后对车牌字符进行二值化再将其分割为单个字符，最后输入 JPEG 或 BMP 格式的数字，在输出则为车牌号码的数字。我们知道输入的彩色图像包含大量颜色信息，会占用计算机较多的存储空间，且处理时也会降低系统的执行速度，因此对图像进行识别等处理时，通常将彩色图像转换为灰度图像，以加快处理速度。对图像进行灰度化处理、边缘提取、再利用形态学方法对车牌进行定位。具体步骤如下：首先通过 MATLAB 软件对图像进行灰度转换，二值化处理然后采用 4×1 的结构元素对图像进行腐蚀，去除图像的噪声。采用 25×25 的结构元素，对图像进行闭合应算使车牌所在的区域形成连通。在进行形态学滤波去除其他区域。

2. 设计方案

该系统的组成部分是由车牌处理和字符识别，其中图像处理部分包括四个模块，分别为图像预处理、边缘检测模块、车牌定位模块、字符分割模块和字符识别模块。字符识别是由字符分割、特征提取及单个字符识别三个模块组成的。

字符识别部分要求照片清晰，但由于该系统的摄像头一直在室外工作，加上光照条件、摄像头角度与距离、车辆自身条件和车辆行驶速度的影响，想拍出较清晰的图片很困难。因此，我们要对摄像头拍摄的图片进行预处理，主要包括图片灰度化。

车牌定位和车牌分割是整个系统的重点，其作用是用图象预处理后的灰度图象来确定牌照的具体位置，并将包含车牌字符的一块子图像从整个图像中分割出来，以便字符识别子系统识别之用，分割的准确与否直接关系到整个车牌字符识别系统的识别率。

车牌识别系统的最终目的就是将模糊的车牌照片进行识别，输出清晰的图片。现在字符识别常用方法有模板匹配法和神经网络模型法。

3. 设计流程

汽车车牌自动识别系统主要包括图像采集、图像预处理、车牌定位、字符分割、字符识别等单元。一个车牌识别系统的基本结构如图 10.1 所示：

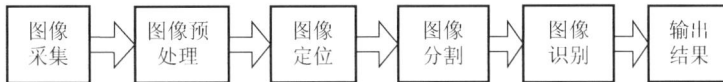

图 10.1　车牌识别系统工作流程图

（1）图像采集：由停车场固定彩色摄像机、数码相机或其他扫描装置拍摄到的图像。

（2）图像预处理:对动态采集到的图像进行滤波，边界增强等处理以克服图像处理。

（3）车牌定位：通过计算得到图像的边缘，再计算车牌边缘图像的投影面积，寻找谷峰点以大概确定车牌的位置，再计算连通域的宽高比，剔除不在阈值范围内的连通域，最后便得到了车牌区域。

（4）字符分割：把投影检测到字符进行定位分割方法得到单个的字符的过程。

（5）字符识别：使用模板匹配的方法和数据库中的字符进行匹配即而确认出正确的字符。

（6）输出结果：得到最后的汽车车牌字符，包括汉字、字母和数字。

车牌号图像识别要进行牌照号码、颜色识别。为了进行牌照识别，需要以下几个基本的步骤：

（1）车牌定位，定位图片中的车牌位置。

（2）车牌字符分割，把车牌中的字符分割出来。

（3）车牌字符识别，把分割好的字符进行识别，最终组成车牌号码。

牌照识别过程中，牌照颜色的识别依据算法不同，可能在上述不同步骤实现，通常与牌照识别互相配合、互相验证。

10.1.2　各模块的实现

1. 图像采集

图像采集中，主要通过 CCD 摄像头与计算机的视频捕捉卡直接相连来完成图像采集，可以实时在监控图像中抓取到含有车辆的图像，然后输入识别系统。目前比较常用的图像格式有*.BMP、*.JPG、*.GIF、*.PCX、*.TIFF等，本课题采集到的图片是*.JPG的格式。因为使用*.JPG图像时有一个软件开发联合会组织制定、有损压缩格式，能够将图像压缩在很小的储存空间，而且广泛支持Internet标准，是面前使用最广的图片保存和传输格式，大多数摄像设备都以*.JPG格式保存。利用图像工具箱的

$$Car\_Image\_RGB=imread('Image\_Name');$$

即可将图像读取出来，这样读取得到的是RGB图像，RGB图像分别用红、绿、蓝三个色度值为一组代表每个像素的颜色，因此Car_Image_RGB是一个$m*n*3$的数组，m、n表示图像像素的行、列数。

2. 图像预处理

根据三基色原理，世界上任何一种色彩都可以由红绿蓝(RGB)三种颜色不同比例的混合来表示，假如红绿蓝(RGB)三种颜色分别由一个字节来表示，则该图像颜色的位数就达到二十四位真彩，也可以说二十四位真彩的数字图像中的每个像素点可以由三个字节来表示，依据数字图像水平及垂直方向像素点的个数(即图像分辨率)可以计算出一幅图像实际位图的大小。事际上，在车牌自动识别系统中车辆的图像是通过图像采集卡将正在运动的车辆图像捕捉下来，并以位图的形式存在系统内存中。这时车辆常会因为各种各样的原因使得拍摄的车辆图像效果不理想，但是我们可以根据车牌不同特点对车辆图像进行识别前的预处理，尽可能的提高车牌正确识别效率，这些图像预处理包括图像灰度化、倾斜校正、图像平滑、灰度修正等。

3. 图像灰度化

汽车图像的样本目前基本上都是通过数码相机、摄像机等设备拍摄得到的，因此预处理前的图像都是彩色图像。真彩色图像也可以称RGB图像，它是利用R, G, B(红绿蓝)三个分量表示一个像素的颜色，用三基色可以合成出任一种颜色。因此对一个尺寸是$m*n$的彩色图像来说，就是存储了一个$m*n*3$的多维数组。如果需要知道图像A中(x, y)处的像素RGB值，则可以使用这样的代码A$(x, y,1:3)$。

彩色图像包含有大量的颜色信息，不但存储上开销很大，而且在处理上也降低了系统的执行速度。由于图像中每一个象素都具有三种不同的颜色，会存在许多与识别无关的信息，给进一步的识别工作带来不便，因此在对图像进行识别处理过程中经常将彩色图像转化成灰度图像，用来加快处理速度。

数字图像可以分为灰度图像和彩色图像。在RGB模型中，如果R=G=B，则表示一种灰度颜色，其中R=G=B的值叫做灰度值，由彩色转化为灰色的过程叫做图像灰度化处理。灰度化图像就是只存在强度信息，没有颜色信息的图像，存储灰度化图像只需要一个数据矩阵，矩阵对应的每个元素一一对应位置像素的一个灰度值。彩色图像的像素色为(R, G, B)，灰度图像的象素色为(r, r, r)，R, G, B可由彩色图像的颜色分解得到。而R, G, B的取值范围是0～255，因此灰度的级别只有256级。灰度化的处理方法有如下三种：

（1）最大值法：使R, G, B的值等于三值中最大的一个，即

$$R = G = B = \text{Max}(R,G,B) \tag{10-1}$$

(2) 平均值法：使 R, G, B 的值等于三值和的平均值，即

$$R = G = B = \frac{R + G + B}{3} \tag{10-2}$$

(3) 加权平均值法：根据重要性或其他指标给 R, G, B 赋予不同的权值，并使 R, G, B 等于它们的值的加权和平均，即

$$R = G = B = \frac{WrR + WcG + WaB}{3} \tag{10-3}$$

式中，Wr、Wc、Wa，分别是 R, G, B 的权值。由于人眼对蓝色的敏感度最低，对红色的敏感度次之，对绿色的敏感度最高，当 $Wr=0.30, Wa=0.59, Wc=0.11$ 时，便能得到最合理的灰度图像。

4. 车牌定位

车牌图像一般是在比较复杂的环境中扑捉得到的，由于车牌与复杂的车身背景图像融为一体，或者车牌在使用中磨损及灰尘及拍摄仪器的影响及拍摄角度的不同，车牌图像在图像中一般有很大的形变，如何能在复杂背景中快速、准确的找出车牌的具体位置成为车牌识别中的重难点[6]。

目前已有不少研究者在这方面进行了一些研究。总结起来主要有下面几种方法：

(1) 基于水平灰度化特征的方法，这种方法的过程是在车牌定位以前，对图像进行预处理，把彩色图像转换为灰度图像，再利用车牌区域的水平方向纹理特征进行车牌定位。

(2) 基于边缘检测的定位方法，这种方法是采用车牌图像丰富的边缘特征进行车牌的定位，能够进行边缘检测的方法有很多种，如 Roberts 边缘算子、Prewitt 算子、拉普拉斯边缘检测和 Sobel 算子。

(3) 基于车牌颜色特征的定位方法，这种方法关键是运用车牌的颜色特征、形状特征和纹理特征也就是用车牌字符和字符底色具有明显反差的特点来排除一些干扰进行车牌的定位。

(4) 基于 Hough 变换的车牌定位方法，这种方法是基于车牌边框的几何特征，采用寻找车牌边框线条的方法进行的车牌定位。

(5) 基于变换域的车牌定位方法，这种方法是把图像从空域变换到频域变换进行详细分析，例如采用小波变换等方法。

(6) 基于数学形态学的车牌定位方法，这种方法是采用数学形态学图像处理的基本原理，用一个结构元素来检测一个图像，看是不是能将这个结构元素非常好的填放在图像的内部，同时也可以验证填放元素的方法是否有用。开启、关闭、腐蚀和膨胀和是数学形态学的基本运算。

这些方法各有优缺点，要实现快速、准确地定位车牌，应该综合利用车牌的各种特征，仅靠单一特征很难奏效。本文结合车牌纹颜色与数学形态学两方面的特征对车牌进行定位操作，对于提高车牌定位的准确率提供了更有利的保障。该方法包括了牌照区域的粗定位和细定位两个部分。在粗定位部分中采用了基于数学形态学的定位方法，然后利用得到定位图像进行细定位，在细定位中采用车牌颜色特征的方法来获得最后定位图像。本方法对在不同光照条件下采集的车辆牌照图像、车牌本身不清、或者牌照存在倾斜和扭曲等情况，均能取得比较好的定位效果。

5. 图像的边缘检测

边缘是指图像灰度发生空间突变或者在梯度方向上发生突变的像素的集合[7]。用摄像机采集到的机动车图像由于受到噪声干扰以及车辆本身的影响，使得获得的图像质量不理想。因此，在进行对汽车牌照的定位及字符识别之前需要先对车辆图像进行边缘检测处理，提高图像的质量，使其易于后面的分割和识别。通过良好的边缘检测可以大幅度的降低噪声、分离出复杂环境中的车辆图像、保留完好的车牌字符信息，方便后面的车牌精确定位与字符识别。

由于车牌识别系统摄像头安装位置固定以及机动车车牌的固有属性，我们可以发现机动车车牌图像都处在水平的矩形区域，在图像中位置较为固定，车牌中字符都是按水平方向排列。因为有这些明显的特征，经过适当的图像变换，可以清晰的呈现出车牌的边缘。本文采用经典的 Roberts 边缘检测算子来对图像进行边缘检测。

由于 Roberts 边缘检测算子是一种利用局部差分算子寻找边缘的算子，根据任一相互垂直方向上的差分都可用来估计梯度，Robert 算子采用对角方向相邻两像素之差，其计算公式如下：

$$\Delta f_x = f(x, y) - f(x-1, y) \tag{10-4}$$

$$\Delta f_y = f(x, y) - f(x, y-1) \tag{10-5}$$

其幅值为：

$$G(x, y) = \sqrt{\Delta f_x^{\,2} + \Delta f_y^{\,2}} \tag{10-6}$$

Robert 梯度以 $(x-\frac{1}{2}, y-\frac{1}{2})$ 为中心，所以它度量了 $(x-\frac{1}{2}, y-\frac{1}{2})$ 点处 45° 和 135° 方向（相互正交）的灰度变化。适当取门限 T，做如下判断：$G(x, y) > T$，(x, y) 为阶跃状边缘点。Roberts 边缘检测算子相当于用 $\begin{bmatrix} 0 & 1 \\ 1 & 0 \end{bmatrix}$ 和 $\begin{bmatrix} 1 & 0 \\ 0 & 1 \end{bmatrix}$ 对图像进行卷积。both 表示双向 0.15 为敏感度值检测算法。

6. 灰度图腐蚀

所谓腐蚀即一种消除边界点，使边界向内部收缩的过程。利用它可以消除小而且无意义的物体。腐蚀的规则是输出图像的最小值是输入图像领域中的最小值，在一个二值图像中，只要有一个像素值为 0，则相应的输出像素值为 0。假设 B 对 X 腐蚀所产生的二值图像 E 是满足以下条件的点 (x,y) 的集合：如果 B 的原点平移到点 (x,y)，那么 B 将完全包含于 X 中。本系统使用 imerode() 函数，

Car_Image_Erode=imerode(Car_Image_Bin,Se);

其中，结构元素 Se 又被形象成为刷子，用于测试输入图像，一般比待处理图像小很多。结构元素的大小形状任意，一般是二维的。二维结构元素为数值 0 和 1 组成的矩阵，结构元素中数值为 1 的点决定结构元素的领域像素在进行腐蚀操作时是否需要参加运算。结构元素太大，会造成腐蚀过度，造成信息丢失，太小起不了预期的效果，这里使用 3×1 矩阵的线性结构元素，即 $S_e = [1;1;1]$。

7. 图像平滑处理

得到车牌区域的图像轮廓线后，由于图像的数字化误差和噪声直接影响了脚点的提取，因此在脚点提取之前必须对图像进行平滑处理，Matlab 有一个图像平滑处理函数 imclose()，它与开运算相反，融合窄的缺口和细长的弯口，去掉小洞，填补轮廓上的缝隙。

$$Car\_Image\_Perform=imclose(Car\_Image\_Erode,Se);$$

结构单元中 Se 一个小于对象闭合图形，只要两个封闭域的距离小于 Se，就将这两个连接成一个连通域，Se 生成方式采用

$$Se=strel('rectangle',[25,25]);$$

即 Se 是一个 25×25 的矩形，使用矩形是因为车牌是一个矩形，这样，可以是提取的图像最接近预期效果。由于车牌图像经过腐蚀以后只剩下车牌区域以及车的标志。

8. 移除小对象

图像平滑处理了，可能会有多个闭合区域，对于不是车牌区域的必须予以删除，MATLAB 提供了一个函数 bwareaopen()，用于删除二值图像中面积小于一个定值的对象，默认情况下使用 8 邻域，

$$Car\_Image\_Perform2=bwareaopen(Car\_Image\_Perform,2000);$$

这样，Car_Image_Perform 中面积小于 2000 的对象都被删除了。

9. 车牌区域的边界值计算

在将原始图像进行二值化，然后轮廓平滑处理后，图像的每个点为两个离散值中的一个，这两个值代表开(1)与关(0)，即只有黑与白的特殊灰度图像，并且整个图像只有两个域(如果有多个域需改变参数后重新进行一此剔除干扰对象处理)，全 1 的域即为车牌区域，并且近似矩形，长宽比为 4.5:1，也可以用这两个特性去检验提取的区域是否为车牌区域。

经区域确定了，即可将车牌的四个边界值确定下来。这里采用水平与垂直双向投影法。

水平坐标的确定，先定义一个 $1 \times x$ 的数组，其中 x 为原始图像的宽度值，然后将二值图像垂直投影到 x 轴。从直方图中基本可以看书水平方向上的两个分界线，为了便于处理，该课题将像素值临界值定量化，取值 5 个像素。从左向右寻找第一个 1 值像素大于 5 的 x 坐标为水平方向左侧分界线，从右向左寻找到第一个 1 值像素量大于 5 的为右侧分界线，程序可以用 for 循环语句。

垂直方向的分界线可用同样的方法实现。分界线计算后，即可从原图像中剪切出只包含车牌的区域图像。

10. 车牌切割

牌照切割流程图如图 10.2 所示：

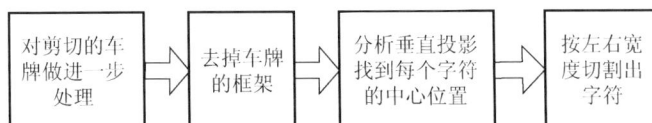

图 10.2　牌照字符分割流程图

11. 字符切割前的图像去噪处理

由于图像车牌号区域提取后获得的是从原始图像中剪切的，是 RGB 图像，分割同样采取投影法，故同样需要先将 RGB 图像转换成灰度值，再将灰度图转化成二进制图，转化的方法就是限定一个阀值，如果大于阀值则为 1，小于阀值为 0，阀值采用全局阀值，全局阀值是指整幅图像都采用相同的阀值 T 处理，适用于背景和前景有明显对比的图像[9]。虽然图像间受背景、光照等影响存在较大的差异，但计算简单，程序运算效率高。在 MATLAB 实现方式如下：

T=round(License_Image_Gray_max-(License_Image_Gray_max-License_Image_Gray_min)/3);

同时采集大的图像噪点依然存在，因此可以通过处理图像的低频部分来锐化图像。这里采用高通滤波算法。

12. 字符切割前的图像膨胀和腐蚀处理

腐蚀已经在在上文介绍，膨胀刚好与腐蚀相反，运算规则是输出图像的像素值是输入图像邻域中的最大值，在一个二值图像中，只要一个像素值为 1，则相应的输出像素值为 1。

根据经验值，车牌图像中，字符面积与车牌面积之比在 (0.235,0.365) 之间，因此计算字符面积与车牌面积比值，如果大于 0.365 则对图像进行腐蚀，如果小于 0.235 则对图像进行膨胀，在这里结构元素 Se 使用一个二维单位矩阵 $\begin{bmatrix} 1 & 0 \\ 0 & 1 \end{bmatrix}$。

13. 字符切割

完成车牌区域的定位后，将车牌区域分割成单个字符，再进行识别。字符分割常采用垂直投影法。在这之前还必须切除周边空白，由于车牌字符在垂直方向上的投影肯定在字符间或字符内的间隙处局部最小值的附近，并且这个位置应满足牌照的字符书写格式、字符、尺寸限制和一些其他条件[10]。利用垂直投影法对复杂环境下的汽车图像中的字符分割有较好的效果。

2007 年颁布的我国车牌规范 (普通中小型汽车) 规定车牌总长 440mm，牌照中的 7 个字符的实际总长度为 409mm 左右，宽 140mm，每个字符 45mm 宽，90mm 高，字符间距为 10mm，其中第二个字符和第三个字符的间距比较特殊，为 15.5mm，最后一个字符和第一个字符距离边界 25mm。这样，假如平均分配每个字符在车牌中占据的宽度，那么每一个字符宽度是：width/7 (width 为车牌图像的宽度值)。但是，实际上，第二个和第三个字符之间存在一个黑点，车牌左右两边与图像边缘也都有一定大小的宽度，因此每个字符的宽度应该小于 width/7 宽度。考虑所有的情况，一般情况下最小的宽度为 width/9。因此，字符的宽度可以从 width/9 到 width/7 之间渐进的变化得到。

字符切割与归一化流程图如图 10.3 所示：

[m，n]=size（d），逐排检查有没有白色像素点，设置1<=j<n-1，若图像两边s（j）=0，则切割，去除图像两边多余的部分

↓

切割图像上下多余的部分

↓

根据图像的大小，设置一阈值，检测图像的X轴，若宽度等于这一阈值则切割，分离出七个字符

↓

归一化切割出来的字符图像的大小为40×20，与模板中字符图像的大小相匹配

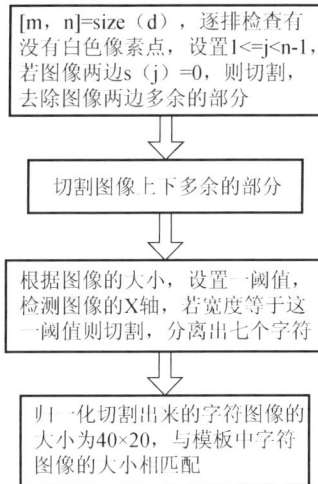

图 10.3　牌照字符分割与归一化流程图

14. 字符归一化处理

由于数码相机拍摄的汽车图像大小不一样，所以得到的车牌上的字符大小就不一样，为了字符的识别，需要对字符进行归一化处理。归一化处理的作用就是使车牌字符同标准模板里面的字符特征一样。而大小归一是指在长度及宽度方向上分别乘以一个比例因子，使其等于标准模块的字符大小[11]，本文采用的大小归一是分别从水平投影和垂直投影两个方向上对字符像素的大小进行归一化处理。

15. 字符的识别

车牌字符识别方法基于模式识别理论，主要有：
（1）统计识别；
（2）基于神经网络的字符识别；
（3）结构识别；
（4）基于模板匹配的字符识别。

由于汽车牌照图像所处的环境比较复杂多变很难采集到一个相对比较完整的有代表性得原始图像集可以作为统计分析的基础，因而统计方法比较难于实现。另外车牌的字符常发生、断缺、变形等各种情况，使字符结构受到损坏，依赖于字体结构完整性的识别方法所提取的特征字符会不准确，识别结果的识别率较低。因此实际用于车牌识别的方法主要是后两种。

基于神经网络的车牌字符识别方法，具有好的分类能力、容错能力、自我学习能力和并行处理能力，采用神经网络实现模式的识别，自适应好，分辨率高，运行速度快。对推理不明确、信息复杂、背景不清楚的问题尤为有利[12]。但是人工神经网络为了使系统的识别率较高也需要大量的样本，通过学习获取有用的知识并改进自身的性能。当学习系统所在的环境较平稳时(统计特性不随时间变化而变化)，神经网络可以得到这些环境统计特性，然后作为经验记住。

基于模板匹配的识别方法，速度比较快，相对算法较简单，得到了广泛应用。基于模板匹配的字符识别方法主要有：外围轮廓匹配，简单模板匹配，外围轮廓投影匹配，投影

155

序列特征匹配，基于 Hausdorff 距离的模板匹配等。本文采用了基于模板匹配的字符识别方法。

基于模板匹配的 OCR 的基本原理是：首先对待识别的字符进行二值化并将其尺寸大小归一化为字符数据库中模板的大小，然后和所有的模板进行匹配，最后选最佳匹配字符作为结果。

字符识别流程图如图 10.4 所示：

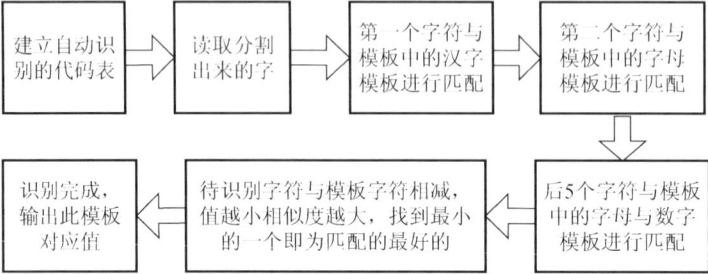

图 10.4　牌照字符识别流程图

模板匹配的主要特点是容易实现，当字符较规整时对字符图像的污迹、缺损干扰适应力较强且识别率相当高。综合模板匹配方法的这些优点我们把它作为车牌字符识别的主要方法。

模板匹配是图像识别方法中最具有代表性的方法之一，它是把从待识别的图像或图像区域 $f(i, j)$ 中提取的若干特征量和模板 $T(i, j)$ 相应的特征量一一进行比较，并计算它们之间的规格化的互相关量，它们之间互相关量最大的一个就是期间匹配程度最高，可将图像归于相应的类型。也可以计算图像和模板特征量两者之间的距离，用最小距离法来判定所属类。但是，通常情况下用于匹配的图像各自的成像条件存在一些差异，产生了较大的噪声干扰，或图像经预处理及规格化处理后，使得图象的灰度化或者像素点的位置发生了改变[14]。在实际设计模板时，是根据各个区域形状所固有的特点，突出各个类似区域之间的不同，并将由处理过程所引起的噪声与位移等因素都考虑了进去，按照这些基于图像不变的特性所设计出来的特征量来构建模板，就能够避免以上问题。

本文采用相减的方法去求得模板与字符中哪一个字符最相似，再找到相似度最大字符输出。汽车车牌的字符一般有七个，几乎所有车牌第一位是汉字，一般情况下代表车辆所属的省份，或者是警别、军种等有特定意义的字符简称；其后是字母和数字。车牌字符识别与一般文字识别的不同在于它的字符数是有限的，汉字共约 50 多个，大写英文字母共 26 个，数字 10 个。所以建立字符模板库也更加方便。为了实验的方便，结合本次设计所选汽车车牌的特点，只建立了 4 个数字 26 个字母与 10 个数字的模板。其他模板设计的方法与此相同。

首先取字符模板，接着依次把待识别字符与模板进行匹配，并将其与模板字符相减得到值越小就越匹配。把每一幅相减后的图的最小值个数保存，再找数值最大的，就是识别出来的结果。

10.2　车牌识别算法验证

10.2.1　算法程序

车牌号识别系统的软件部分大都采用 VC++,VB 或者 Matlab，本课题选用 Matlab，按照之前的设计步骤进行程序编辑，下面就是在 MATLAB 环境下的仿真图和分析。

```
    function [d]=main()
close all
clc    % 清空命令窗口的所有输入和输出，类似于清屏
    %自动弹出提示框读入图像
[filename,filepath]=uigetfile('.jpg','输入一个需要识别的车牌图像');% 直接自动读入%
file=strcat(filepath,filename); %strcat 函数：连接字符串；把 filepath 的字符串与
filename 的连接，即路径/文件名
I=imread(file);figure(1),imshow(I);title('原图');
    I1=rgb2gray(I);    %将真彩色图像转换为灰度图像
    figure(2),subplot(1,2,1),imshow(I1);title('灰度图');
    figure(2),subplot(1,2,2),imhist(I1);title('灰度图直方图');
    I2=edge(I1,'robert',0.08,'both');    %高斯滤波器，方差为 0.08
    figure(3),imshow(I2);title('robert 算子边缘检测')
    se=[1;1;1];
    I3=imerode(I2,se);    %图像的腐蚀
    figure(4),imshow(I3);title('腐蚀后图像');
    se=strel('rectangle',[40,40]);    %构造结构元素，以长方形构造一个 se
    I4=imclose(I3,se);%对图像实现闭运算，闭运算也能平滑图像的轮廓，但与开运算相反，它
一般融合窄的缺口和细长的弯口，去掉小洞，填补轮廓上的缝隙。
    figure(5),imshow(I4);title('平滑图像的轮廓');
    I5=bwareaopen(I4,2000);    %从二进制图像中移除所有少于 p 像素的连接的组件(对象)，产
生另一个二进制图像
    figure(6),imshow(I5);title('从对象中移除小对象');
    [y,x,z]=size(I5);    %返回 I5 各维的尺寸，并存储在变量 y、x、z 中
    myI=double(I5);    %换成双精度数值
        %begin 横向扫描
    tic    %计算 tic 与 toc 之间程序的运行时间
        Blue_y=zeros(y,1);    %产生 y*1 的全 0 矩阵
        for i=1:y
            for j=1:x
                if(myI(i,j,1)==1)
            %如果 myI(i,j,1)即 myI 图像中坐标为(i,j)的点为蓝色
            %则 Blue_y 的相应行的元素 white_y(i,1)值加 1
             Blue_y(i,1)= Blue_y(i,1)+1;%蓝色像素点统计
                end
    end
     end
    [temp MaxY]=max(Blue_y);%temp 为向量 white_y 的元素中的最大值，MaxY 为该值的索
引( 在向量中的位置)
```

```matlab
PY1=MaxY;
    while ((Blue_y(PY1,1)>=120)&&(PY1>1))
        PY1=PY1-1;
end
PY2=MaxY;
    while ((Blue_y(PY2,1)>=40)&&(PY2<y))
        PY2=PY2+1;
end
    IY=I(PY1:PY2,:,:);
%IY 为原始图像 I 中截取的纵坐标在 PY1：PY2 之间的部分
%end 横向扫描
%begin 纵向扫描
    Blue_x=zeros(1,x);%进一步确定 x 方向的车牌区域
for j=1:x
    for i=PY1:PY2
        if(myI(i,j,1)==1)
            Blue_x(1,j)= Blue_x(1,j)+1;
        end
    end
end

PX1=1;
    while ((Blue_x(1,PX1)<3)&&(PX1<x))
        PX1=PX1+1;
    end
PX2=x;
    while ((Blue_x(1,PX2)<3)&&(PX2>PX1))
        PX2=PX2-1;
    end
    %end 纵向扫描
PX1=PX1-2;%对车牌区域的校正
PX2=PX2+2;
dw=I(PY1:PY2,:,:);
    t=toc;
figure(7),subplot(1,2,1),imshow(IY),title('行方向合理区域');
figure(7),subplot(1,2,2),imshow(dw),title('定位剪切后的彩色车牌图像')
imwrite(dw,'dw.jpg'); %将图像数据写入到图像文件中
[filename,filepath]=uigetfile('dw.jpg','输入一个定位裁剪后的车牌图像');
%读取
jpg=strcat(filepath,filename); %将数组 filepath,filename 水平地连接成单个字符
串,并保存于变量 jpg 中
a=imread('dw.jpg');   %读取图片文件中的数据
b=rgb2gray(a);   %将真彩色图像转换为灰度图像
imwrite(b,'1.车牌灰度图像.jpg');   %将图像数据写入到图像文件中
figure(8);subplot(3,2,1),imshow(b),title('1.车牌灰度图像')
g_max=double(max(max(b)));   %换成双精度数值
g_min=double(min(min(b)));   %换成双精度数值
T=round(g_max-(g_max-g_min)/3);  % T 为二值化的阈值
```

```matlab
[m,n]=size(b);  %返回矩阵 b 的尺寸信息，并存储在 m、n 中。其中 m 中存储的是行数，n 中
存储的是列数。
d=(double(b)>=T);  % d:二值图像
imwrite(d,'2.车牌二值图像.jpg');  %将图像数据写入到图像文件中
figure(8);subplot(3,2,2),imshow(d),title('2.车牌二值图像')
figure(8),subplot(3,2,3),imshow(d),title('3.均值滤波前')
% 滤波
h=fspecial('average',3);  %建立预定义的滤波算子，average 指定算子的类型，3 为相应
的参数
d=im2bw(round(filter2(h,d)));  %转换为二值图像
imwrite(d,'4.均值滤波后.jpg');  %将图像数据写入到图像文件中
figure(8),subplot(3,2,4),imshow(d),title('4.均值滤波后')
% 某些图像进行操作
% 膨胀或腐蚀
% se=strel('square',3);  % 使用一个 3X3 的正方形结果元素对象对创建的图像膨胀
% 'line'/'diamond'/'ball'...
se=eye(2);  % eye(n) returns the n-by-n identity matrix 单位矩阵
[m,n]=size(d);  %返回矩阵 b 的尺寸信息，并存储在 m、n 中。其中 m 中存储的是行数，n 中
存储的是列数
if bwarea(d)/m/n>=0.365  %计算二值图像中对象的总面积
        d=imerode(d,se);  %图像的腐蚀
elseif bwarea(d)/m/n<=0.235  %计算二值图像中对象的总面积
         d=imdilate(d,se);  %实现膨胀操作
end
imwrite(d,'5.膨胀或腐蚀处理后.jpg');  %将图像数据写入到图像文件中
figure(8),subplot(3,2,5),imshow(d),title('5.膨胀或腐蚀处理后')
% 寻找连续有文字的块，若长度大于某阈值，则认为该块有两个字符组成，需要分割
d=qiege(d);  %切割
[m,n]=size(d);  %返回矩阵 b 的尺寸信息，并存储在 m、n 中。其中 m 中存储的是行数，n 中
存储的是列数
figure,subplot(2,1,1),imshow(d),title(n)
k1=1;k2=1;s=sum(d);j=1;
while j~=n
        while s(j)==0
            j=j+1;
        end
            k1=j;
        while s(j)~=0 && j<=n-1
            j=j+1;
        end
            k2=j-1;
    if k2-k1>=round(n/6.5)
        [val,num]=min(sum(d(:,[k1+5:k2-5])));
        d(:,k1+num+5)=0;  % 分割
        end
end
% 再切割
d=qiege(d);
```

```
% 切割出 7 个字符
y1=10;y2=0.25;flag=0;word1=[];
while flag==0
            [m,n]=size(d);
        left=1;wide=0;
        while sum(d(:,wide+1))~=0
            wide=wide+1;
         end
         if wide<y1    % 认为是左侧干扰
            d(:,[1:wide])=0;
            d=qiege(d);
         else
            temp=qiege(imcrop(d,[1 1 wide m]));
            [m,n]=size(temp);
            all=sum(sum(temp));
            two_thirds=sum(sum(temp([round(m/3):2*round(m/3)],:)));
         if two_thirds/all>y2
             flag=1;word1=temp;    % WORD 1
           end
            d(:,[1:wide])=0;d=qiege(d);
         end
end
% 分割出第二个字符
[word2,d]=getword(d);
% 分割出第三个字符
[word3,d]=getword(d);
% 分割出第四个字符
[word4,d]=getword(d);
% 分割出第五个字符
[word5,d]=getword(d);
% 分割出第六个字符
[word6,d]=getword(d);
% 分割出第七个字符
[word7,d]=getword(d);
figure(9),imshow(word1),title('1');
figure(10),imshow(word2),title('2');
figure(11),imshow(word3),title('3');
figure(12),imshow(word4),title('4');
figure(13),imshow(word5),title('5');
figure(14),imshow(word6),title('6');
figure(15),imshow(word7),title('7');
[m,n]=size(word1); %返回矩阵 b 的尺寸信息，并存储在 m、n 中。其中 m 中存储的是行数，
n 中存储的是列数

word1=imresize(word1,[40 20]);% 商用系统程序中归一化大小为 40*20,此处演示
word2=imresize(word2,[40 20]); %对图像做缩放处理，高 40，宽 20
word3=imresize(word3,[40 20]);
word4=imresize(word4,[40 20]);
```

```
word5=imresize(word5,[40 20]);
word6=imresize(word6,[40 20]);
word7=imresize(word7,[40 20]);
figure(16),
subplot(3,7,8),imshow(word1),title('1');
subplot(3,7,9),imshow(word2),title('2');
subplot(3,7,10),imshow(word3),title('3');
subplot(3,7,11),imshow(word4),title('4');
subplot(3,7,12),imshow(word5),title('5');
subplot(3,7,13),imshow(word6),title('6');
subplot(3,7,14),imshow(word7),title('7');
imwrite(word1,'1.jpg');
imwrite(word2,'2.jpg');
imwrite(word3,'3.jpg');
imwrite(word4,'4.jpg');
imwrite(word5,'5.jpg');
imwrite(word6,'6.jpg');
imwrite(word7,'7.jpg');
liccode=char(['0':'9' 'A':'Z' '鲁陕苏渝京']);   %建立自动识别字符代码表,将
t'0':'9' 'A':'Z' '鲁陕苏豫'多个字符串组成一个字符数组,每行对应一个字符串,字符数不足的
自动补空格
SubBw2=zeros(32,16);
l=1;
for I=1:7
    SubBw2=zeros(32,16); %产生 32*16 的全 0 矩阵
    ii=int2str(I);%转换为串
    t=imread([ii '.jpg']);%读取图片文件中的数据
    SegBw2=imresize(t,[32 16],'nearest'); %对图像做缩放处理,高 32,宽 16,
'nearest':  这个参数,是默认的,即改变图像尺寸时采用最近邻插值算法
    SegBw2=double(SegBw2)>20;
        if l==1                   %第一位汉字识别
            kmin=37;
            kmax=40;
        elseif l==2               %第二位 A~Z 字母识别
            kmin=11;
            kmax=36;
        else l>=3                 %第三位以后是字母或数字识别
            kmin=1;
            kmax=36;

        end

        for k2=kmin:kmax
            fname=strcat('字符模板\',liccode(k2),'.bmp'); %把一个行向量转化成
字符串
            SamBw2 = imread(fname);%读取图片文件中的数据
            SamBw2=double(SamBw2)>1;
            for  i=1:32
```

```
                for j=1:16
                    SubBw2(i,j)=SegBw2(i,j)-SamBw2(i,j);
                end
            end
        % 以上相当于两幅图相减得到第三幅图
        Dmax=0;
        for k1=1:32
            for l1=1:16
                if ( SubBw2(k1,l1) > 0 | SubBw2(k1,l1) <0 )
                    Dmax=Dmax+1;
                end
            end
        end
        Error(k2)=Dmax;
    end
    Error1=Error(kmin:kmax);
    MinError=min(Error1);
    findc=find(Error1==MinError);
    Code(l*2-1)=liccode(findc(1)+kmin-1);
    Code(l*2)=' ';
    l=l+1;
end
figure(5),imshow(dw),title (['车牌号码:', Code],'Color','b');
%子程序: (getword 子程序)
function [word,result]=getword(d)
word=[];flag=0;y1=8;y2=0.5;
    while flag==0
        [m,n]=size(d);
        wide=0;
        while sum(d(:,wide+1))~=0 && wide<=n-2
            wide=wide+1;
        end
        temp=qiege(imcrop(d,[1 1 wide m]));
        [m1,n1]=size(temp);
        if wide<y1 && n1/m1>y2
            d(:,[1:wide])=0;
            if sum(sum(d))~=0
                d=qiege(d);   % 切割出最小范围
            else word=[];flag=1;
            end
        else
            word=qiege(imcrop(d,[1 1 wide m]));
            d(:,[1:wide])=0;
            if sum(sum(d))~=0
                d=qiege(d);flag=1;
            else d=[];
              end
            end
```

```
        end
          result=d;
        %  (qiege 子程序)
function e=qiege(d)
[m,n]=size(d);
top=1;bottom=m;left=1;right=n;    % init
while sum(d(top,:))==0 && top<=m
          top=top+1;
end
while sum(d(bottom,:))==0 && bottom>1
          bottom=bottom-1;
end
while sum(d(:,left))==0 && left<n
          left=left+1;
end
while sum(d(:,right))==0 && right>=1
right=right-1;
end
dd=right-left;
hh=bottom-top;
e=imcrop(d,[left top dd hh]);    %返回图像的一个裁剪区域
```

10.2.2 算法验证结果

1. 图像预处理

由原图(图 10.5)和灰度图(图 10.6)运行结果可知,能清晰地读出原彩色图样,通过图形的对比分析,原始图中车牌区域的灰度明显不同于其他区域,蓝底部分最为明显。经过程序运行出来的灰度图可以比较容易的识别出车牌的区域,达到了预期的灰度效果。

图 10.5 原图像

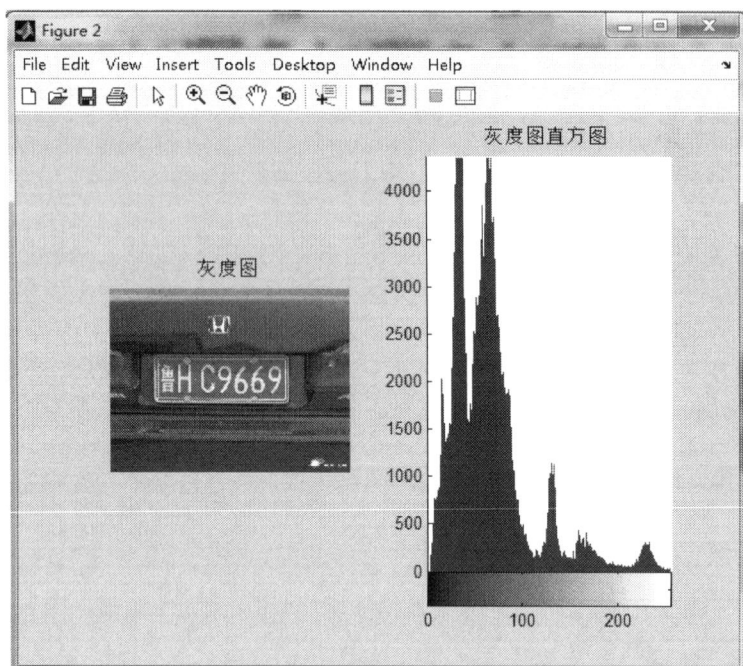

图 10.6　灰度化后的图像

2.　图像定位

从边缘效果图可以看出，经过处理以后车牌的轮廓已经非常明显了，车牌区域及汽车标志的边缘呈现白色条纹，基本上达到了边缘检测的效果。但是，在车牌附近的其他区域也由于各种干扰的影响，也存在一些白色区域。所以要对图像做进一步的处理，用灰度图腐蚀来消除多余的边界点(图 10.7)。

图 10.7　边缘效果图

从腐蚀的结果分析，腐蚀的目的是消除小而无意义的物体，对比边缘效果检测图与腐蚀效果图(图10.8)可以看出，在边缘检测图中还有的小的无意义的图像已经被完全消除了，留下来的仅仅是车牌区域以及车的标志。已经得到了车牌图像的轮廓线了，只要再经过适当的处理即可把车牌提取出来。

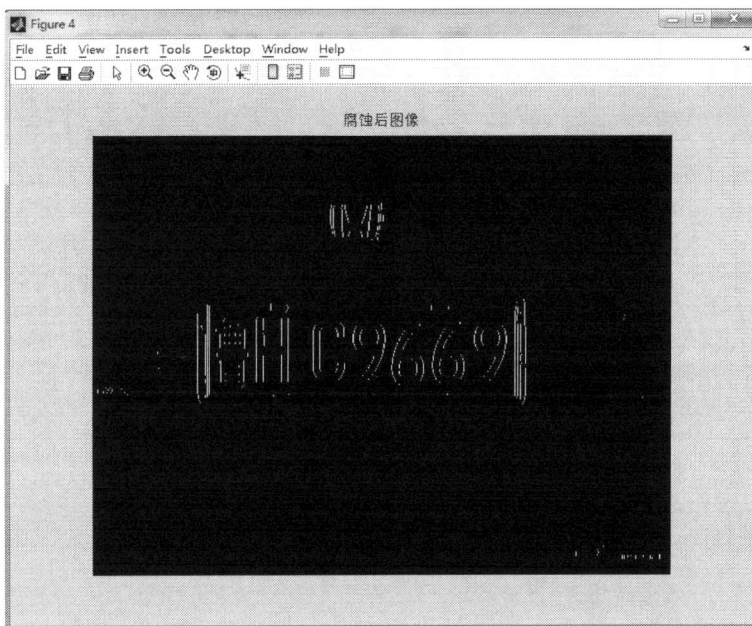

图 10.8　腐蚀效果图

从平滑后的效果图(图10.9)分析，达到了预定的目标。消除了图像的数字化误差和噪声对脚点的直接提取的影响。

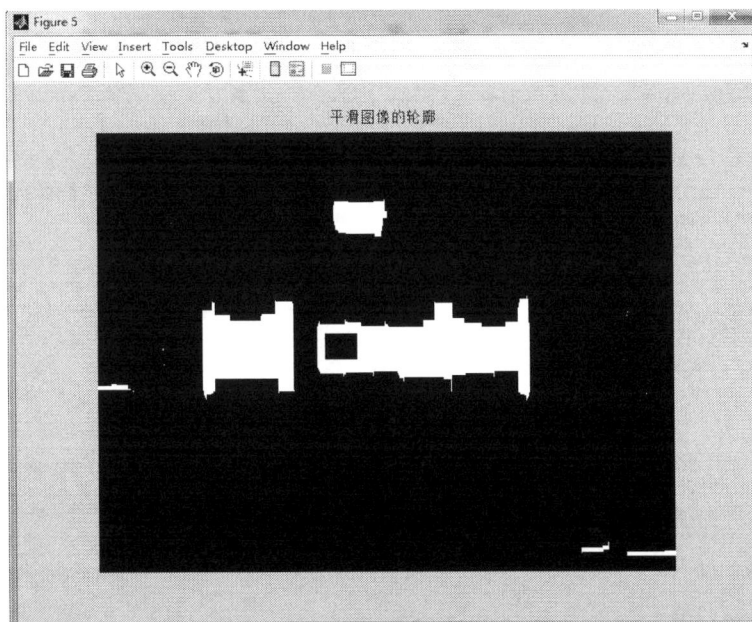

图 10.9　平滑处理后效果

移除小对象后的效果图(图 10.10)已经非常明显了,图像中最后只存在车牌区域,其他的图像已经完全滤除掉了,包括小物体,车的标志等影响已经没有了。

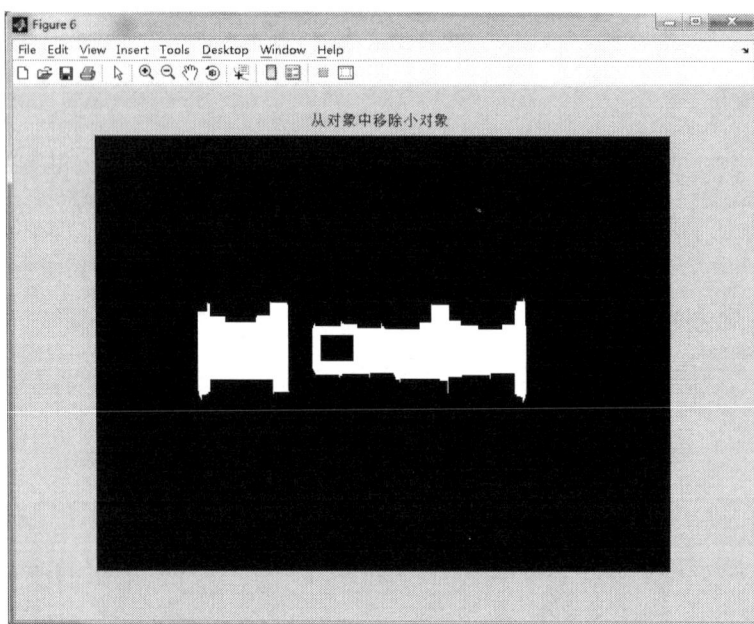

图 10.10　移除小对象后效果图

对比原始图像与二值图裁减图可以看出,车牌的四个边界值基本上被确定下来了,这样就可以从原始图像中直接确定车牌的区域了。所以车牌就成功地被提取出来了。行方向区域和最终定位出来的车牌如图 10.11 所示。

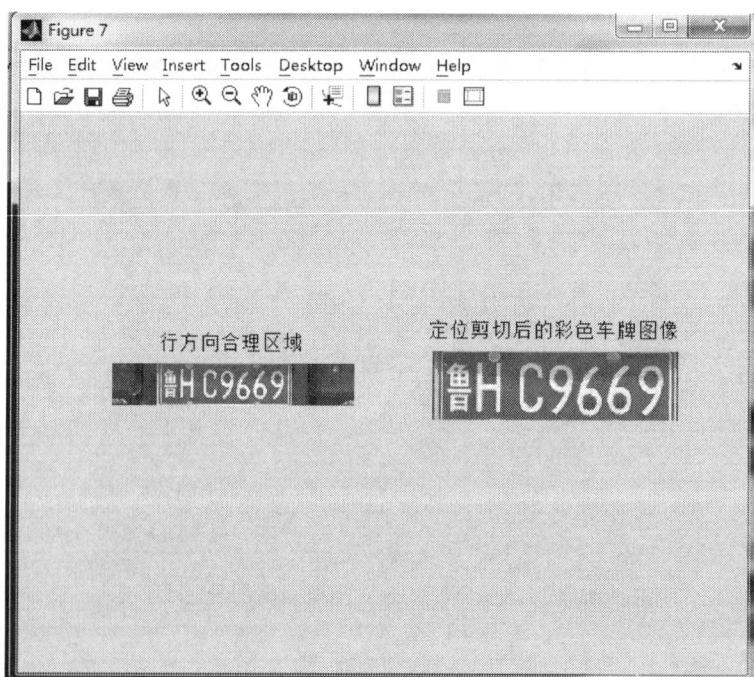

图 10.11　行方向区域和最终定位出来的车牌

结果分析：图像车牌区域提取就是从原图中截取含车牌的部分，即 RGB 图像，然后进行字符的切割与识别。为了去除图像中的噪声点必须对截取的图像进行滤波处理，经滤波后，不仅去除了噪声，并且使图像得到了锐化。经过这些步骤可以使得最终识别出的图像与原图的相似度更高，即结果更精确。仿真的结果也使得车牌部分从原图被准确的提取出来了，达到了车牌定位及图像读取及其图像处理的目的。裁减出来的车牌的进一步处理过程如图 10.12 所示。

图 10.12　裁剪出来的车牌的进一步处理过程

3. 字符切割

结果分析：从 MATLAB 编程运行结果看，便于图像进行匹配识别，必须先将连续的字符切割成单个字符，并且在切割字符之前要将周边空白切除掉。由以上结果图可以看到，车牌被切成只含字符部分，并且七个字符被切成清晰的七个字符，实现了字符切割。由右侧的归一化图像可以看出，切割出的图像像素值和模板图像达到了一致，由此便避免了切割出的图像像素值不一致所带来的问题。分割出来的七个字符图像如图 10.13 所示。归一化处理后的七个字符图像如图 10.14 所示。

图 10.13　分割出来的七个字符图像

图 10.14　归一化处理后的七个字符图像

4. 字符识别

识别结果如图 10.15 所示。

图 10.15 识别结果

结果分析：字符识别是这样一个过程，根据建立的模板字符库将分割出来的字符和模板库中的字符一一匹配，将切割的字符和模板相减得到一个差值，差值越小表明字符匹配程度越高。

10.2.3 算法验证结果分析

在得到这个结果之前，需要对车牌图像进行预处理、车牌定位、车牌分割等处理。

由于摄像大部分工作于户外环境下，加之车辆牌照的清晰度、自然光照条件、拍摄时摄像机与牌照的矩离和角度和车辆行驶速度等因素的影响，车牌图像可能出现模糊、歪斜和缺损等严重的缺陷，因此需要对原始图像进行识别前的图像预处理。预处理包括灰度化、车牌校正、平滑处理等。对于光照条件不理想的图象，可先进行一次图象增强处理，使得图象灰度动态范围扩展和对比度增强，再进行定位和分割，这样可以提高分割的正确率。在本文中根据采集到的图像本身的特点，对它进行了灰度化的处理。因为彩色图像包含着大量的颜色信息，不但在存储上开销很大，而且在处理上也会降低系统的执行速度，因此将彩色图像转化为灰度图像，以缩短处理速度。图像中车辆牌照是具有比较显著特征的一块图像区域，这此特征表现在：近似水平的矩形区域；其中字符串都是按水平方向排列的；在整体图象中的位置较为固定。正是由于牌照图象的这些特点，再经过适当的图象变换，它在整幅中可以明显地呈现出其边缘，于是对其边缘提取，此处边缘的提取采用的是 Roberts 算子。

在定位模块。本文采用的是车牌颜色与数学形态学相结合的定位方法。首先，将预处理后的图像用数学形态学的方法进行处理。数学形态学的应用可以简化图像数据，保持它们基本的形态特征，并除去不相干的结构。本文中对图像进行了腐蚀、平滑处理，腐蚀和平滑都具有滤波的作用，腐蚀是对图像内部做滤波处理，平滑是对噪声进行滤波。这样可以把字符与字符之间的杂色点去除，只有白色的字符和黑色的背景存在，这样有利于的字符分割进行。最后还用了 bwareaopen 来去除对象中不相干的小对象。再根据车牌底色等有关的经验，用彩色像素点统计的方法，先确定行方向的车牌区域，再确定列方向的车牌区域，得出最终的车牌区域。

车牌分割即把车牌的整体区域分割成单字符区域，具有承上启下的作用。其难点在于噪声合字符粘连，断裂对字符的影响，因此必须先将定位后的车牌进一步处理。包括灰度化、二值化、均值滤波、膨胀或腐蚀处理。分割采用的方法为寻找连续有文字的块，若长度大于某阈值 T，则认为该块有两个字符组成，需要分割。为满足下一步字符识别的需要，将分割后的字符归一化。

最后将分割出来的字符运用模板匹配的方法与模板字符进行匹配，将其与模板字符相减，得到的 0 越多那么就越匹配。把每一幅相减后的图的 0 值个数保存，然后找数值最大的，即为识别出来的结果。模板的制作很重要，必须要用精确的模板，否则就不能正确的识别。

对于识别错误的情况分析可知，主要原因：一是牌照自身的污渍影响了图象的质量；二是车牌字符分割的失败导致的识别错误；再就是部分字符形状相类似，比如：B 和 8；A 和 4 等字符识别的结果有可能发生混淆的情况。

总之，尽管目前车牌字符的识别率还不理想，但是只要把分割出的字符大小、位置归一化，以及尝试提取分类识别能力较好的特征值和设计分类器等环节再完善，进一步提高识别率是完全可行的。

10.3　算　法　总　结

车牌识别系统主要任务是分析和处理摄取到的复杂背景中的车辆图像，图像定位，牌照分割，最后识别汽车车牌上的字符，车牌识别是利用车辆车牌的独一无二性来识别车辆，它是以模式识别、数字图像处理、计算机视觉等技术为基础的智能识别系统。在现代交通发展中车牌识别系统是制约交通系统现代化、智能化的重要条件，车牌识别系统应该能从一幅车牌图像中自动提取车辆图像，自动分割车牌字符图像，然后对字符进行正确的识别，从而降低交通管理工作的复杂程度。车牌识别系统将捕捉的车牌图像进行一些的处理后，以字符串的形式输出正确的字符，这样便于存储数据、信息量小、操作起来更容易，因此车牌识别系统的优点是人工车牌识别所不能相提并论的，它蕴藏着很大的发展空间与发展空间经济价值，对车牌识别系统技术的研究是非常有的用的。在车牌识别系统中最为关键的三个技术是车牌定位、分割和识别，这三个技术的结果直接影响到整个车牌识别系统的准确性和实时性。国内外已经有不少学者对车牌识别系统技术做了大量的研究，但在实际应用中还没找到一个有效可行的方法，如由于车辆的抖动造成车牌图像的歪斜、磨损和污迹造成车牌字符的光照不均匀、模糊不清造成车牌图像的不清等都会多少影响到车牌定位的准确性。针对上面的情况，很多研究者开始在车牌图像本身特征的基础上研究车牌定位技术，并先后提出了一些有用的识别方法，以减小各种因素对车牌识别系统准确度的影响。然而现代智能交通的不断发展使得车牌定位系统有了更高的标准，主要表现在系统的实用性和准确性。

参 考 文 献

曹红根，袁宝华，朱辉生. 基于局部相位量化特征与多尺度分类的分块人脸识别. 微电子学与计算机，2013，30(1): 100-103.

曹建农. 基于直方图重构的极大交叉熵图像分割方法. 计算机应用. 2011, 31(12):3373-3377.

曾智勇，池燕玲，郑启财. 加权局部二值模式和块线性判别投影的人脸识别方法. 福建师范大学学报(自然科学版)，2014，30(3):28-33.

陈莉，龙光利. 基于稀疏差分和 Mean-Shift 滤波的 Retinex 算法在人脸识别中的应用. 计算机应用研究，2015，32(3):934-937.

陈莉，赵峰. 基于支持向量机的局部二值模式加权算法在人脸识别中的应用. 科技通报，2015，31(5):237-240.

陈莉. 基于小波变换的图像增强算法. 陕西理工学院学报(自然科学版)，2014，30(1):32-37.

陈莉. 三阶差分运算在图像边缘检测中的应用. 陕西理工学院学报(自然科学版)，2015，31(1): 37-41.

陈庆利，蒲亦非，黄果，周激流. 数字图像的 0-1 阶 Riemann-Liouville 分数阶增强模板，电子科技大学学报，2011，40(5)：772-776.

陈薇，等. 改进单尺度 Retinex 的光照人脸识别. 计算机工程与应用，2013，49(2):151-154.

高涛. 基于小波域多尺度 Retinex 的复杂光照的人脸识别. 电视技术，2012，36(5):122-125

郭李，覃剑. 分数阶微分和小波分解最优用于图像增强. 小型微型计算机系统，2012，32(12)：2680-2686.

韩越祥. 典型相关分析融合全局和局部特征的人脸识别. 计算机工程与应用，2014，50(5)：142-146.

黄果，蒲亦非，陈庆利，等. 基于分数阶积分的图像去噪. 系统工程与电子技术，2011，33(4)，925-936.

蒋伟，胡学刚. 基于对数图像处理和二阶微分的图像增强新模型. 西南大学学报(自然科学版)，2009，31(09):142-146.

蒋伟. 基于分数阶偏微分方程的图像去噪信息模型. 计算机应用，2011，31(3)：753-756.

刘兴淼，王仕成，赵静. 基于小波变换与模糊理论的图像增强算法研究. 弹箭与制导学，2010，30(4):183-186.

刘洲峰，徐庆伟，李春雷. 基于小波变换的图像分割研究. 计算机应用与软件，2009，26(4):62-66.

路倩倩. 基于分数阶小波变换的图像去噪研究. 南京：南京航空大学，2012.

蒲亦非，王卫星. 数字图像的分数阶微分掩模及其数值运算规则. 自动化学报，2007，33 (11)：1128-1134.

蒲亦非. 将分数阶微分演算引入数字图像处理. 四川大学学报(工程科学版)，2007，39 (33)：124-132.

宋书林，张彦，王宪，等. 基于曲波变换和 Retinex 人脸光照处理算法. 计算机工程与应用，2013，49(3)：171-173.

孙劲光，李扬，孟祥福，等. 改进的单尺度 Retinex 及其在人脸识别中的应用. 计算机应用研究，2011，28(12):4790-4793.

汤杨，潘志庚，汤敏，等. 基于分级 Mean Shift 的图像分割算法. 计算机研究与发展，2009，46(9)：1424-1431

王斌，蒲亦非，周激流. 一种新的分数阶微分的图像边缘检测算子. 计算机应用研究，2012，29(8):3160-3162.

王剑平，张婕. 小波变换在数字图像处理中的应用. 现代电子技术，2011，34（1）：91-94.

王卫星，于鑫，赖均. 一种改进的分数阶微分掩模算子. 模式识别与人工智能，2010，23（2）：171-177.

温黎茗，彭力. 基于 soble 算子的小波包变换遥感图像融合算法. 计算机工程与应用. 2013，49（3）：207-209.

杨农丰，吴成茂，屈汉章. 基于偏微分方程的混合噪声去噪研究. 计算机应用研究，2013，30（6）:1899-1902.

杨柱中，周激流，黄梅，等. 用分数阶微分提取图像边缘. 计算机工程与应用，2007，43（35）：15-18.

杨柱中，周激流，郎方年. 基于分数阶微积分的噪声检测和图像去噪. 中国图象图形学报，2014，19（10）:1418-1429.

张富平，周尚波，赵灿. 基于分数阶偏微分方程的彩色图像去噪新方法. 计算机应用研究，2013，30（3）：946-949.

张宏星，邹刚，赵键. 基于 Gabor 特征与协同表示的人脸识别算. 计算机工程与设计，2014，25（2）：666-669.

张新明，李明群，郑延斌. 距不变调整的二维 shannon 熵图像分割及其快速实现. 计算机科学. 2012，39（1）:276-280.

张涌，蒲亦非，周激流. 基于分数阶微分的图像增强模板. 计算机应用研究，2012，29（8）：3195-3197.

赵芳，栾晓明，孙越. 数字图像几种边缘检测算子检测比较分析. 自动化技术与应用，2009，28（3）:68-72.

赵建. 分数阶微分在图像纹理增强中的应用. 液晶与显示，2012，27（1）：121-124.

朱秋旭，李俊山，等. Retinex 理论下的自适应红外图像增强. 微电子学与计算机，2013，30（4）:22-24.

Banerjee P K, Datta A K. Generalized regression neural network trained preprocessing of frequency domain correlation filter for improved face recognition and its optical implementation. Opt. Laser Technol, 2013, 45（0）:217-227.

Yang M, Zhang L, Jian Y. Robust sparsecoding for face recognition . IEEE Conference on ComputerVision and Pattern Recognition. United states:ColoradoSprings, 2011, 625- 632.

Patel V M, Tao Wu, Biswas S, et al. Dictionary - based face recognition under variable lighting and pose . IEEE Transactions on Informat ion Forensics and Security, 2012, 7（3）：954- 965.

Provenzi E Gatta C Fierro M et al. A spatially variant white-patch and gray-world method for color image enhancement driven by local contrast. IEEE Transactions on Pattern Analysis and Machine Intelligence, 2012, 30（10）:1757-1770.

Pu Y F, Zhou J L, Yuan X. Fractional differential mask: a fractional differential based approach for multiscale texture enhancement. IEEE Transactions on Image Processing , 2010,19（2）:491-511.

Wagner A,Wright J, Ganesh A, et al. Towards apractical face recognition system: Robust registration and illumination by sparse representation. IEEE Computer SocietyConference on Computer Vision and Pattern Recongn ition Workshops. United states:Miami, FL, 2009, 597- 604.

Deng W H, Hu J, Guo J. Extended SRC: Undersam pled face recognition via intra - class variant dictionary.IEEE Transactions on Pattern Analysis and Machine Intelligence,2012,34（9）:1864- 1870.

Wright J,Yang A Y, Ma Yi, et al. Robust face recognition vias parse frepresentaition.IEEE Transactions on Pattern Analysis and Machine Intelligence, 2009, 31（2）:210-227.

Yang A, et al. Fast L1 minimization algorithms and an application in robust facerecognition: a review. IEEE International Conference onImage Processing. Hong Kong, 2010, 1849-1852.

Zhou S, Aggarwal G, Chellapa R. Appearance characterization of linear lamebrain object, Generalized photometric stereo and illumination- Invariant face recognition . IEEE Trans on PAMI, 2007, 29(2): 230-245.